ヤマケイ文庫

くらべてわかる野鳥 文庫版

Takuya kanouchi　叶内拓哉

Yamakei Library

はじめに

　近年、デジタルカメラの普及とともに野鳥撮影を楽しむ人が増え、野鳥観察にも興味を持つ人が随分多くなっている印象があった。そこで、気軽に撮影や観察を楽しめるようにと、2015年2月に単行本『くらべてわかる野鳥』を出版した。図鑑というよりも、初心者の人が気軽にページをめくり、似ている鳥を見比べて、識別ポイントが手軽にわかるよう配慮した本だ。これはお陰様で好評を得ているが、週刊誌大の大きさなので、野外で使うには少々不向きな面があった。今回、持ち運びにも便利な文庫本サイズにしたので、野外でもぜひ使用して欲しい。掲載の仕方については、環境によって生息する鳥の種類が違うことなども考慮した。また、似たものをできるだけ近くに配したのは単行本同様で、初心者の方の力強い味方になると思う。

目次

本書の使い方 ……………………… 3
仲間くらべ ………………………… 4
野鳥観察の基本10 ……………… 13
用語解説 …………………………… 16

🔺 山野の鳥 …………………… 22

〰 水辺の鳥 …………………… 114

INDEX ……………………………… 204

コラム
外来鳥 ……………………………… 78
高山の鳥 …………………………… 88
飛んでいるタカの見分け方 ……… 110

本書の使い方

❶ 見出し
グループの中の代表種の名前、またはグループの科名。山野の鳥は緑、水辺の鳥は水色の文字で表記。

❷ 野鳥の名前
カタカナ、漢字名、学名を表記。

❸ 野鳥写真
姿形がわかりやすいように写真を切り抜き、雄と雌、夏羽と冬羽などで姿に違いがあるものについては、できるだけ写真を掲載するようにした。

❹ 引き出し解説
その野鳥を識別するうえでキーとなるポイントを、類似種との違いを考慮して記載。

❺ 科名・全長
科名は日本鳥類目録改訂第7版の分類体系に準拠。全長は嘴の先端から尾羽の先端までの長さ。

❻ 観察時期
月ごとの観察のしやすさを帯の太さで表現。

※帯が斜めの部分は「徐々に増えていく月」「徐々に減っていく月」、少しだけ塗られている月は「ほかの月にくらべて数が少なく、観察しにくい月」。

❼ 解説
留鳥、漂鳥、夏鳥、冬鳥の別、分布や生息環境、生態など、識別するために知っておきたい情報を紹介。「♪」のあとに鳴き声を記載。

❽ ♂♀
雌雄の別を「♂」「♀」で表記。

※雌雄の姿が同じ場合は「雌雄同色」、ほぼ同じ場合は「雌雄ほぼ同色」と❺に表記。

❾ コラム
識別のむずかしいグループについて識別ポイントとなる部位を並べたほか、亜種、面白い生態など、本文で紹介しきれなかった内容を掲載。

仲間くらべ　鳥のグループごとの特徴を掲載順に紹介します。

🏔 山野の鳥

→P022
スズメの仲間

嘴はわりと太短く、ニュウナイスズメは山地の林、スズメは人家付近に生息。スズメはほかの鳥と大きさを比較する際の基準になる鳥。

→P023
ホオジロの仲間

スズメに似た体型で尾羽がやや長く、一部の種をのぞき外側尾羽は白っぽい。嘴は太く短め。明るい林や林縁、草地、アシ原で生活。

→P028
モズの仲間

頭が大きく、嘴は太めで鉤型。長い尾羽を回す習性がある。獲物をとがったものに刺しておく「はやにえ」をするものが多い。

→P030
ツバメの仲間

嘴は細くて小さく見えるが、開くと口は大きく、飛びながら空中で昆虫を捕らえて食べる。尾羽は両外側が長い燕尾型か凹尾型。

→P032
アマツバメの仲間

ツバメとは違う仲間だが、姿形が似ていることからツバメという名が付けられている。ツバメの仲間より翼が鋭角に見える。飛ぶ姿を見る。

→P034
ヒバリ・タヒバリの仲間

タヒバリはヒバリという名前がついているがセキレイ科で、尾羽をよく上下に動かす。両種は姿形がよく似ていてまちがうことも。

→P036
セキレイの仲間
体がスマートで尾羽が長く、尾羽を上下に振る。足は細長くて爪が長く、特に後指の爪は長い。ふだんはウォーキングで歩く。

→P038
シジュウカラの仲間
嘴は細めで先がとがっていて基部は太め。足指で枝などをつかんでぶら下がったり、食べ物をつかみ、嘴で突いて食べたりする。

→P040
エナガなど
ほかにゴジュウカラ、キバシリ、サンショウクイを紹介。エナガはシジュウカラの仲間と混同することもあるので注意が必要。

→P042
ミソサザイなど
ほかにカワガラスを紹介。どちらも日本では1科1種だけが生活している。観察できればまちがえることは少ない。

→P044
アトリの仲間
丸みのある体型で、嘴が太く、羽衣は赤や黄色など目立つ色をもつものが多い。繁殖期以外はたいていの種が群れで生活する。

→P052
メジロなど
ほかにキクイタダキを紹介。繁殖期以外は群れるのがふつうで、シジュウカラの仲間の群れに入ることも多い。

仲間くらべ

→P053

ウグイスの仲間

体は小さめで嘴は細長く、林内などのブッシュを単独で行動する。ムシクイの仲間との違いは翼帯がないこと。

→P054

ムシクイの仲間

体は細長い。嘴も細長く、先はとがり気味。どの種も林に生息する。

→P056

ヨシキリの仲間

生活の大半はアシ原と草原ですごし、草地でもアシがまざる場所を好む。雄は採食中以外はソングポストでさえずっている。

→P057

センニュウの仲間

草原やアシ原に依存して生活し、さえずるときや食べ物を探したり移動したりするとき以外で、その姿を見ることはむずかしい。

→P058

セッカ、ツリスガラ

分布域は局所的。センニュウの仲間、セッカの仲間は特徴ある大きな声でさえずるが、姿は見づらい場合が多い。

→P060

ヒタキの仲間

眼が大きいので可愛く見え、垂直に近い姿勢で横枝にとまる。足が細いことと足が見えづらいことなどが小型ツグミとのちがい。

→P064
小型ツグミの仲間
ヒタキ科のうち、ヒタキの仲間のように垂直にとまらず、とまる角度が45度くらいに見えるもの。以前はツグミ科として分類。

→P068
大型ツグミの仲間
以前はツグミ科に分類されていた種で、おおよそ20cm以上の大きさのものを、便宜上この仲間とした。地上で行動することが多い。

→P073
ブッポウソウなど
ほかにヤツガシラを紹介。足は短く合趾足とよばれ、前の3本の指がくっついている。

→P074
カワセミの仲間
頭が大きめで、嘴は鋭くて長い。カワセミの仲間も合趾足。派手な羽衣をもっていて非常に目立つが、鳴き声は単純なものが多い。

→P076
ムクドリの仲間
現在日本で記録のあるムクドリ科7種類のうち2種類を紹介。体は丸みがあり、嘴は長めでとがり、尾羽は短め。

→P077
レンジャクの仲間
全体に葡萄色で、冠羽をもっている。ムクドリ科とレンジャク科の鳥は飛翔時の形がよく似ていて、下から見ると三角形に見える。

仲間くらべ

→P080
キツツキの仲間
嘴は長くて鋭い。足指は前向きに2本、後ろ向きに2本（対趾足）ある。中央尾羽を幹にあて、体を支えるようにして木に縦にとまる。

→P084
キジの仲間
体はずんぐりしているのがふつうだが、雄は尾羽が長いのでスマートに見える。体のわりに頭は小さく、嘴は短めでわずかに下に湾曲。

→P090
ハトの仲間
体は太めで頭は小さめ。ほかの鳥は水を飲むとき口を天に向けて飲み込むが、ハト類は嘴を水につけてゴクゴク飲むことができる。

→P092
カッコウの仲間
ハトの仲間をスマートにしたような体型。ジュイチはツミの雄、ほかはハイタカ類の雌に似る。ちがいは翼の先がとがること。

→P094
カラスの仲間
一般的に黒い鳥というイメージがあるが、派手なものもいる。歩くときにはウォーキングとホッピングを上手に使い分けて歩く。

→P098
フクロウ・ヨタカの仲間
夜行性で、活動は夕暮れからがふつう。頭は大きく、眼は正面向き。頭の上に耳のように立っている羽は「羽角」とよばれる飾り羽。

→P102
タカの仲間
頭は大きめで、鋭い鉤型の嘴をもち、足はしっかりとしていて鋭い爪をもっている。静止しているときよりも飛翔を見る機会が多い。

→P112
ハヤブサの仲間
タカの仲間と同じく鋭い嘴と爪をもっている。タカの仲間よりも静止している姿を見る機会が多い。飛翔時は翼の先がとがって見える。

水辺の鳥

→P114
カイツブリの仲間
全体に丸みのある体型で、頸は長めで尾羽はほとんどない。足にはひれがあり、泳ぐのも潜水するのも得意だが、歩くのは苦手。

→P118
クイナの仲間
警戒心が強く、体のわりに足は長めで、足指は特に長い。都会の公園などではバンやオオバンなど人慣れしているものもいる。

→P120
ウの仲間
体は大きく、全体に黒っぽく見えるが、青や緑、紫などの光沢がある。ヒメウ以外の嘴の先端は鉤型が目立って見える。

→P122
淡水ガモの仲間
比較的淡水を好んで生活し、海水に入らないわけではない。海水ガモとの違いは足が体の中央部にあり、地上をふつうに歩けること。

仲間くらべ

→P130
海水ガモの仲間
淡水ガモと対比してのよび方で、淡水に入らないわけではない。足が体の後方にあり、地上に立つとペンギンのような格好になる。

→P136
ガンの仲間
カモ科のなかで特に大型な種類が多いグループ。姿形は淡水ガモの仲間によく似ているが、嘴が体のわりには太短く、頸はやや長め。

→P140
ハクチョウの仲間
カモ科のなかで特別に体が大きく、全身が真っ白な羽毛に包まれている。つねに家族で生活し、家族が集まって群れとして行動する。

→P142
トキ・コウノトリの仲間
トキ科は日本では4種記録され、どの種も数は多くない。コウノトリ科は2種記録されているが、コウノトリの野生のものは少ない。

→P144
サギの仲間
大きくシラサギ類とそれ以外に分かれる。ともに頸が短く見えることがあるが、伸ばすと長い。飛翔時は頸をS字形に曲げて飛ぶ。

→P152
ツルの仲間
体は大きく、嘴は長め。頸と足は長くて、休息時も飛翔時も、サギの仲間のように頸を縮めることはない。タンチョウのみ国内で繁殖。

→P156

小型のチドリの仲間

日本で記録のあるチドリ科15種のうち、全長およそ24cm以下のものを小型のチドリの仲間とした。嘴は短めで頸も短いものが多い。

→P160

大型のチドリの仲間

チドリ科のうち比較的大型のものを便宜上、大型のチドリの仲間とした。大小とも、歩くときは数歩歩いては立ち止まり地上を突つく。

→P164

小型のシギの仲間

スズメくらいの大きさからムクドリよりも小さいものを便宜上、小型のシギの仲間とした。嘴は体のわりには細長いものが多い。

→P170

中型のシギの仲間

ムクドリより大きくキジバトより小さいシギの仲間。ほとんど淡水域ですごすもの、海水域にも入るもの、海水域中心のものがいる。

→P180

ジシギの仲間

ジシギとは、シギ科のうちタシギ属、ヤマシギ属、コシギ属の種の俗称。どれも上面は枯れ草模様の地味な羽衣をもち、嘴はまっすぐで長い。

→P182

セイタカシギなど

ほかにタマシギ、ミヤコドリを紹介。セイタカシギは足が長く、スマートな体型。タマシギは雌がきれいな羽衣をもつ一妻多夫の鳥。

011

仲間くらべ

→P184
大型のシギの仲間
キジバトより大きいものを便宜上、大型のシギの仲間とした。オグロシギ属の2種とダイシャクシギ属の4種を取り上げた。

→P190
カモメの仲間
体はやや太めで、翼はとても長い。足は体のわりには短めで、足指には水かきがある。ウミネコを除き、名前の語尾にカモメとつく。

→P198
アジサシの仲間
体は細身で、翼は細長く先端部がとがっている。嘴はまっすぐで長く、先はとがっている。足は非常に短く、歩くのは苦手に見える。

→P201
ミズナギドリの仲間
飛ぶことが得意で、ゆっくり羽ばたいているように見えるがスピードは速く、ホバリングしては水面に飛び込んだりする。

→P202
ウミスズメの仲間
記録されている16種のうち、よく見られると思われる3種を取り上げた。海水面にいるときは体が2分の1くらい沈んで見える。

→P203
アビの仲間
ウミスズメの仲間よりも体が大きいが、おもに海上や河口部など同じ環境にいる。5種記録されているうち、3種を取り上げた。

野鳥観察の基本 10

野鳥の観察、種類を識別するうえで是非とも知っておきたい10項目を紹介します。

1 鳥の見つけ方

まず鳥のいそうな場所に目を向けつつ声や動きに注意しましょう。水辺であれば水の際や枯れ草、流木、石の上など少し高い所、林であれば林縁や枯れ枝など、草原では枯れ草の先端などの高所を探すとよいでしょう。

2 鳥を見つけたら

鳥を見つけても、すぐに逃げられてはどんな鳥だったのかわかりません。鳥は人に対してとても敏感なので、まずはじっとすることです。動くときにはゆっくりと動くとよいでしょう。

3 いつどこで見られる鳥なのかに注意しよう

鳥は時期や地域、環境である程度見られる種類が限られてきます。調べる際は、どの時期にどんな場所で見られる鳥なのかを確認しましょう。夏鳥、冬鳥、留鳥、漂鳥なども重要な情報です。

ダイサギとコサギとアオサギ（11月25日撮影）。チュウサギはほぼ夏鳥なので、この場に入ることはありません。

4 大きさ・形・姿勢で何の仲間か見当をつけよう

鳥がとまっているときの角度や頭と体のバランスなどは、科や種類によって異なります。大きさはある程度識別に役に立ちますが、見る環境によってかなり違って見えるので注意しましょう。

ヒタキの仲間（左）はツグミの仲間（右）とよく似ていますが、足が細く、とまっているときに足が見えづらいことが特徴です。

野鳥観察の基本10

5 特徴的な色や模様に注目しよう

鳥の羽衣には地味なものから派手なものまでいろいろあります。地味な羽衣であっても、どこかにその鳥の特徴となる模様があったりしますし、特徴的な目立つ羽は、もちろん識別に役立ちます。

カワラヒワは羽の一部が黄色いのが識別のポイントです。

6 動きや習性に着目しよう

鳥は種類によって特徴的な動作があります。腰を上下させながら歩く、尾羽を左右、上下、∞字などに動かす、足で地面を叩いたり、水中で足を震わせたりして食物を探すなど。飛び方や歩き方にも注意するとよいでしょう。

セキレイの仲間は尾羽を上下に動かしながら歩きます。

7 鳥の生活の8割は採食。その鳥が何を食べているかに注目しよう

鳥は生活してゆくために、食べることに多くの時間を費やします。どこで何を食べるかは、鳥の種類により違いがあるので、その鳥の採食行動を知ることは識別に大変役立ちます。

コサギは魚などを食べるため、川や水田などにいることが多いです。

8 繁殖期と非繁殖期

繁殖期とはおおよそ3月〜7月の営巣する時期のこと。ただし、種類によってはそれ以外の時期にも繁殖します。繁殖期と非繁殖期で羽色や分布、生息環境が異なる鳥がいるので、注意が必要です。

6月(左)と3月(右)のオオジュリン♂。非繁殖期は地味な羽衣になります。

9 地味で識別のむずかしいカモの雌はそばにいる雄をヒントに

淡水で生活する雌のカモ類はよく似ていますが、近くには派手な羽衣をもった雄がいるのがふつうです。ただし潜水するカモの仲間は雌雄が別々に行動していることが多いので、識別は慎重に。

マガモ。地味なのが雌で、派手なのが雄です。

10 フィールドノートをつけておく

日付、天候、場所、種名など。特に鳥の種類がわからないときには大きさ、目の色、嘴の形と色、足の長さと色など、見えたものはなんでも書きこんでおくとよいでしょう。

日付や天候、場所だけはしっかり書いておきましょう。

用語解説

各部位の名称

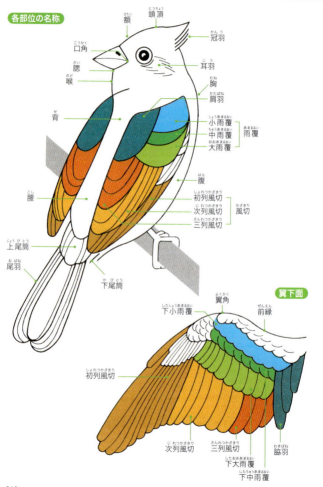

翼下面

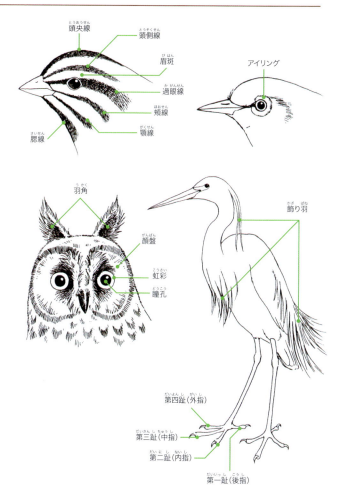

用語解説

尾羽の形

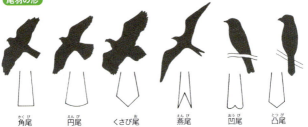

角尾(かくび)　円尾(えんび)　くさび尾(お)　燕尾(えんび)　凹尾(おうび)　凸尾(とつび)

歩き方と飛び方

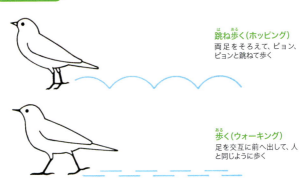

跳ね歩く(ホッピング)
両足をそろえて、ピョン、ピョンと跳ねて歩く

歩く(ウォーキング)
足を交互に前へ出して、人と同じように歩く

停空飛行(ホバリング)
翼を高速に小刻みに羽ばたかせて、空中の一点に浮いたようにとどまる空中停止飛行

波状飛行(はじょうひこう)
飛行軌跡が波状の飛翔

直線飛行(ちょくせんひこう)
飛行軌跡が直線的な飛翔

滑翔(かっしょう)(グライディング)
数回羽ばたいた後に、翼を広げて滑るように飛ぶ

帆翔(はんしょう)(ソアリング)
翼を広げたまま羽ばたかず、上昇気流を利用して飛ぶ

上昇気流

上昇気流

海面

用語解説

分類に関する用語

種	生物を分類するうえで、最も重要な基本単位。形態的、生態的、遺伝的にほかと異なる独自性をもつ。
亜種	種を細分した分類学上の単位。同じ種のなかで繁殖地、形態、羽色などが異なる生物集団。

生活様式に関する用語

留鳥（りゅうちょう）	同じ地域に一年中生息し、季節移動をあまりしない鳥。
漂鳥（ひょうちょう）	国内で季節移動する鳥。北海道で繁殖し、本州以南で越冬するものや、高地で繁殖し、低地で越冬するものなどがいる。
夏鳥（なつどり）	春に日本より南の国々から渡ってきて日本で繁殖し、秋に南の国々へ帰って越冬する鳥。
冬鳥（ふゆどり）	秋に日本より北の国々から渡ってきて日本で越冬し、春に北の国々へ帰って繁殖する鳥。
旅鳥（たびどり）	渡りの途中に日本に立ちよる鳥。
迷鳥（めいちょう）	本来の生息地域でない地域に迷いこんだ鳥。
繁殖期	繁殖に関わる時期。おおよそ3月〜7月の営巣する時期だが、種類によってはそれ以外の時期にも繁殖する。

成長段階に関する用語

成鳥（せいちょう）	一般に年齢による羽毛の変化がそれ以上進まなくなった鳥のこと。
若鳥（わかどり）	明確な定義はないが、一般に成鳥に対して若い鳥のこと。
幼鳥（ようちょう）	卵からかえって、羽毛が生えそろい、第1回の換羽が始まるまでの鳥。
第1回冬羽	生後、最初の冬期の羽衣の個体。
第1回夏羽	生まれた翌年の夏期の羽衣の個体。
第2回冬羽	生後2回目の冬期の羽衣の個体。

羽衣に関する用語

羽衣(うい) 風切、尾羽などからなる鳥が身につけている羽毛全体のこと。

夏羽(なつばね)(繁殖羽) つがい形成する時期や繁殖期の羽衣。一般に冬羽に比べて鮮やかで目立つ場合が多い。

冬羽(ふゆばね)(非繁殖羽) 夏羽と対比して使われる言葉で、非繁殖期の羽衣のこと。

エクリプス カモ類の雄などに見られる羽衣で、繁殖期の後半に雄の羽毛が抜けかわって雌のような地味な羽色になること。

換羽(かんう) 羽毛が抜けかわること。

行動に関する用語

ディスプレイ 自分を誇示する行動で、求愛の行動を指す場合が多い。

さえずり おもに繁殖期に、小鳥類の雄が縄張りの宣言をするときや雌に求愛するときの鳴き声。

地鳴き さえずり以外の鳴き声。

迷行 決まったコースから外れて、本来、来ない場所に姿をあらわすこと。

スズメの仲間

スズメ [雀]
Passer montanus

スズメ科／全長14cm／雌雄同色
1 2 3 4 5 6 7 8 9 10 11 12

- 嘴は黒い
- 頭部は小豆色
- 喉と頬が黒い

留鳥、漂鳥。全国に分布。ふつうは人家近くで行動し、農耕地などでイネ科植物の種子や昆虫類を食べる。ほぼ同じ場所で生活するが、なかには数百kmを移動するものもいる。♪普段は「チュン」と鳴き、「チュッ、チュリ、チュチュチョン、チュチュ」などとさえずる。

スズメ幼鳥の頭部
嘴の基部から口角が黄色

ニュウナイスズメ [入内雀]
Passer rutilans

スズメ科／全長14cm
1 2 3 4 5 6 7 8 9 10 11 12

- 頭から背は茶色
- 頬は白い
- ♂夏羽
- 眉斑は白い
- 喉は白い
- ♀

夏鳥、漂鳥。繁殖は中部地方以北の山地の林内で行うものが多い。暖地では越冬する個体も多く、繁殖期とは違い、ふつう開けた明るい場所で群れる。♪普段は「チョッ」「チュッ」などと鳴き、「チュチュ、チーチョ、チョチョ」とさえずる。

ホオジロの仲間

ホオジロ [頬白]
Emberiza cioides
ホオジロ科／全長17cm
1 2 3 4 5 6 7 8 9 10 11 12

留鳥、漂鳥。屋久島以北の平地から山地、林の周辺、農耕地、河原の草地などの開けた環境を好む。地上で採食することが多く、木の梢などにとまる。♪普段は「チチッ」と3音で鳴く。「一筆啓上仕り候」「源平ツツジ 白ツツジ」などと聞きなす複雑な声でさえずる。

カシラダカ [頭高]
Emberiza rustica
ホオジロ科／全長15cm
1 2 3 4 5 6 7 8 9 10 11 12

冬鳥。九州以北に渡来し、平地から山地の林の周辺や灌木のある農耕地、河原の草地などに生息する。地上で採食し、危険が近づくと、近くの高所へ飛び上がる。♪普段は「チッ」と鳴く。春先には複雑に鳴き、さえずるというよりもぐぜる。

ホオジロの仲間

アオジ [青鵐]
Emberiza spodocephala

ホオジロ科／全長16cm
1 2 3 4 5 6 7 8 9 10 11 12

留鳥、漂鳥。中部地方以北で繁殖し、それより南では冬鳥。平地から山地の林の周辺や河原、草原などに生息する。地上で採食することが多い。
♪普段は「チィ」と鳴き、「チチョチーチョチョ、ピーチチョー」とさえずる。

- 目先は黒い
- 頭部と頬は灰緑色
- 腮は黒い
- 体下面は黄色
♂

- 目先は黒くない
- 眼の後方に淡い眉斑
♀

- 頭部は黄緑色
- 白いアイリング
- 体下面は黄色
♂

ノジコ [野路子]
Emberiza sulphurata

ホオジロ科／全長14cm
1 2 3 4 5 6 7 8 9 10 11 12

夏鳥。わりあい局地的だが、おもに本州中部地方以北に渡来し、山地の林内とその周辺で生活する。冬期に少数が、国内で観察されることもある。
♪普段は「チィ」と鳴き、「チチョ、ピピ、チィチィ、チョチョ」とさえずる。

- 目先は黒くない
- 翼帯がはっきりしている
♀

クロジ [黒鵐]
Emberiza variabilis
ホオジロ科／全長17cm

1 2 3 4 5 6 7 8 9 10 11 12

漂鳥。中部地方以北の山地で繁殖し、それよりも南の地域の平地から山地の林内で越冬する。地上で採食し、林内からはあまり出ず、出ても林縁部の日陰くらい。♪普段は「チッ」と鳴き、「ホィーチィチィ」とさえずる。

全体に灰黒色

♂

はっきりした頭央線がある

体上面全体は黄土色がかった褐色

♀

アオジ♀とクロジ♀の違い

アオジ♀

頭部
目立たない頭央線があり、喉は黄色っぽい。

腰の部分
緑色みのある灰褐色で、外側尾羽が白い。
白い

クロジ♀

頭部
はっきりとした頭央線があり、喉は淡いクリーム色。

腰の部分
赤褐色で、外側尾羽は白くない。
白くない

ホオジロの仲間

オオジュリン［大寿林］
Emberiza schoeniclus

ホオジロ科／全長16㎝
1 2 3 4 5 6 7 8 9 10 11 12

漂鳥。おもに青森県以北の平地の草原で繁殖し、それよりも南の地域のアシ原で越冬する。アシ原で生活し、アシの葉鞘をむいて、中にいるカイガラムシを食べる。♪普段は「チューイーン」「ヂュイーン」と鳴き、「チッ、チュ、チィ、チョ」とさえずる。

- 頭部は黒い
- 頬線と頸回りは白い
- 胸から腹部は一様に白っぽい
- 体下面は白い

♂夏羽 ♀

コジュリン［小寿林］
Emberiza yessoensis

ホオジロ科／全長15㎝
1 2 3 4 5 6 7 8 9 10 11 12

留鳥、漂鳥。青森県、秋田県、茨城県、千葉県などの平地の草原、熊本県の山地で局地的に繁殖し、中部地方から九州までの丈の低い草地で越冬する。♪普段は「チッ」と鳴き、「チョッピチュリリリ、ピチョ」とさえずる。

- 頭部は黒い
- 肩羽部分が灰色

♀夏羽 ♂夏羽

ホオアカ [頬赤]
Emberiza fucata

ホオジロ科／全長16㎝／雌雄ほぼ同色
1 2 3 4 5 6 7 8 9 10 11 12

留鳥、漂鳥。ほぼ全国で見られるが、繁殖は九州以北の平地から山地の、灌木があるような草原で行う。冬期は芝地のような丈の低い草地を好む。♪普段は「チッ」と鳴き、「チッ、チョ、チュィ」とさえずる。

頭部は灰色で黒い縦斑がある
頬は茶色
顎線は黒い

ミヤマホオジロ [深山頬白]
Emberiza elegans

ホオジロ科／全長16㎝
1 2 3 4 5 6 7 8 9 10 11 12

頭頂に長めの冠羽
過眼線は黒い
眉斑は黄色で前後が白い
喉が黄色
胸は黒い
♂夏羽

頭頂の冠羽をよく立てる
眉斑はわずかに黄色い
喉はわずかに黄色い
♀

冬鳥。ほぼ全国に渡来し、平地から山地の林の周辺に生息する。地上で採食することが多く、危険が近づくと林内にすばやく入りこむ。♪普段は「チッ」と鳴き、春先には、ぐぜるように鳴く。

モズの仲間

モズ [百舌]
Lanius bucephalus

モズ科／全長20cm

1 2 3 4 5 6 7 8 9 10 11 12

- 嘴は黒く鉤形
- 過眼線は黒い
- 白斑がある
- 脇腹は橙色
- ♂
- 尾羽を∞の字のように回す

- 過眼線は淡い
- 白斑はない
- 腹部に鱗模様がある
- ♀

留鳥、漂鳥。ほぼ全国の平地から山地の林のまわりや農耕地などに生息し、昆虫を中心に両生・爬虫類、魚類なども食べる。獲物をたくさん捕ると「はやにえ」にする。
♪「キィーキィキィ キリィ、キュリリ」などと鳴き、ほかの鳥の鳴きまねをする。

モズのはやにえ

モズには、晩秋のころ、とがったものに獲物を刺しておく習性がある。冬場の食物不足のために備えているというのが、有力な説である。

はやにえにされたイナゴ

アカモズ［赤百舌］
Lanius cristatus

モズ科／全長20cm／雌雄同色

1 2 3 <u>4 5 6 7 8 9 10</u> 11 12

夏鳥。九州以北の平地から山地の開けた場所のある明るい林などに渡来する。おもに昆虫を食べ、ときには「はやにえ」を行うこともある。近年減少している。♪警戒時に「ギチギチギチ」と鳴き、さえずりは「ジュンジュン…」または「ジュリリリ」と鳴く。

- 額から眉斑は白い
- 頭から背は赤茶色
- 脇腹は淡い橙色

チゴモズ［稚児百舌］
Lanius tigrinus

モズ科／全長18cm

1 2 3 <u>4 5 6 7 8 9 10</u> 11 12

- 目先は白い
- ♀ 脇腹に黒い横斑

夏鳥。本州の中部地方以北に局地的に渡来。平地から山地の開けた場所のある林やゴルフ場、公園、農耕地などに生息し、樹上や地上で昆虫を捕る。♪「ギュ、ギュ、ギチギチギチ」と鳴く。

- 過眼線は黒い
- 頭部は青灰色
- ♂ 腹部は白い

ツバメの仲間

ツバメ［燕］
Hirundo rustica

ツバメ科／全長17cm／雌雄同色
1 2 **3 4 5 6 7 8 9** 10 11 12

額は赤茶色

喉は赤茶色

夏鳥、一部越冬する。種子島以北で平地から山地の市街地や村落などの開けた場所を好む。道路上を飛びまわったりして、飛んでいる昆虫を捕らえる。♪繁殖期は「チュチョチュチチュチビィー」と鳴き、「土喰うて虫喰うて渋ーい」と聞きなされる。

ツバメ上面
尾羽を開くと白い斑が見える

イワツバメ［岩燕］
Delichon dasypus

ツバメ科／全長15cm／雌雄同色
1 2 **3 4 5 6 7 8 9** 10 11 **12**

夏鳥、一部越冬する。九州以北の平地から亜高山帯まで。建造物などに巣をつくって集団で繁殖する。常に集団で行動し、単独でいることはあまりない。越冬する個体が増えている。♪普段は「ジュリ」または「ジュッ」などと鳴き、繁殖期は普段の声を組み合わせて複雑に鳴く。

足に羽毛が生えている

イワツバメ上面
腰は白い

耳羽から後頭部に
かけて赤茶色

コシアカツバメ［腰赤燕］
Hirundo daurica

ツバメ科／全長19㎝／雌雄同色
1 2 3 4 5 6 7 8 9 10 11 12

喉から下は
淡いバフ色で、
縦斑が密にある

夏鳥、一部越冬する。九州以北の海岸から市街地近郊で局地的に生息する。ほかのツバメの仲間よりも、滑翔（翼を開いたまま、すべるように飛ぶ）を多くする。♪普段は「チュリィ」や「ジュッ」などと鳴き、繁殖期には「ジュルジュルジュジュジュ」などと複雑に鳴く。

コシアカツバメ上面
腰は橙色

ほかの種と違い
胸にT字形の
模様がある

ショウドウツバメ［小洞燕］
Riparia riparia

ツバメ科／全長13㎝／雌雄同色
1 2 3 4 5 6 7 8 9 10 11 12

夏鳥。北海道の海岸や河川などの砂まじりの崖がある場所で繁殖する。春秋の渡り期には、全国で見られる。常に群れで行動しているのがふつう。♪飛びながらや、止まって「ジジッ」または「ジュジュジュジュ」と鳴く。

アマツバメの仲間

アマツバメ［雨燕］
Apus pacificus

アマツバメ科／全長20cm／雌雄同色
1 2 3 **4 5 6 7 8 9** 10 11 12

腰は白い

翼は長い

夏鳥。九州以北の海岸や山地の崖のある場所に、局地的に渡来する。ふつうは群れで行動し、岩の割れめなどに営巣する。交尾も食べることも、空中で行う。♪飛びながら「チュリリリ」または「ジュリリリリ」と鳴き、特に群れのとき鳴く。

ヒメアマツバメ［姫雨燕］
Apus nipalensis

背は黒く腰は白い

腹部は黒い

翼は短い

アマツバメ科／全長13cm／雌雄同色
1 2 3 4 5 6 7 8 9 10 11 12

留鳥、漂鳥。関東地方以南のおもに太平洋側で、平地の市街地や河川、農耕地などの上空を生活の場にする。ツバメの仲間の古巣に羽を筒状につけ、営巣する。♪飛びながら「チィリリリリ」などと鳴く。

ハリオアマツバメ［針尾雨燕］
Hirundapus caudacutus

アマツバメ科／全長20cm／雌雄同色
1 2 3 **4 5 6 7 8 9 10** 11 12

背は白く腰は黒い

尾羽の羽軸の先

夏鳥。中部地方以北の平地から山地の上空を生活の場とし、大きな木の割れめなどに営巣する。尾羽の先は羽軸がとがっていて、木にとまるときの支えになる。♪飛行しながら「チュリリリ…」と鳴く。

ツバメの仲間とアマツバメの仲間の下面の違い

ツバメ

喉は赤茶色で、黒い縁がある。腹部は白くて、尾羽は燕尾。

イワツバメ

喉から下は白っぽく、脇腹は汚れた感じで、胸には不明瞭な帯がある。

コシアカツバメ

喉から下は淡いバフ色で、縦斑が密にある。尾羽は燕尾でツバメより深い。

ショウドウツバメ

喉から下は白っぽく、胸にはT字形の模様がある。尾羽は凹尾で、翼と尾羽は色が薄く見える。

アマツバメ

喉は白っぽく、胸からの体下面は黒っぽく見えるが、白黒の斑模様。尾羽は燕尾でとがって見えたり、角尾に見えたりする。

ヒメアマツバメ

喉は白っぽく、胸からの体下面は黒く、尾羽は凹尾。飛ぶ姿形はイワツバメに似るが、体下面が黒いことで見分けられる。

ハリオアマツバメ

喉とお尻の部分は白く、胸や腹は黒っぽく見える。体が太く、翼は幅広く長い。尾羽は角尾で、羽軸が針のように出ている。

ヒバリ・タヒバリの仲間

ヒバリ [雲雀]
Alauda arvensis

ヒバリ科／全長17cm

| 1 | 2 | 3 | 4 | 5 | 6 | 7 | 8 | 9 | 10 | 11 | 12 |

留鳥、漂鳥。九州以北で繁殖し、本州北部以北のものは、冬期には暖地に移動する。早春から、上空高く舞い上がって複雑な声で鳴き、縄張り宣言をする。♪普段は「ビュル」と鳴き、繁殖期には空中などで複雑な声で1分以上さえずる。

雄は冠羽をよく立てる

頬に茶色みがある

♂

ヒバリとタヒバリの見分け方

越冬期に芝地のような場所で、ヒバリとタヒバリが一緒に行動していることがある。

ヒバリ

特に繁殖期以外は、足を折りたたんだ格好で歩くことが多い。尾羽は上下させない。

タヒバリ

どんな場所でも、足は伸ばして歩くのがふつう。尾羽を上下させる。

雌は冠羽をほとんど立てない

♀

034

タヒバリ[田雲雀・田鷚]
Anthus rubescens

セキレイ科／全長16cm／雌雄同色
1 2 3 4 5 6 7 8 9 10 11 12

冬鳥。ほぼ全国の農耕地や河原を好んで生活し、積雪の多い地方では厳寒期に移動する。木などにとまることはないが、春先には電線などにとまることがある。♪「チィ」または「ピピピッ」などと鳴く。

眉斑は白っぽい
体下面に淡い橙色みがある
白っぽい体下面に黒い縦斑がある
冬羽
夏羽

ビンズイ[便追・木鷚]
Anthus hodgsoni

セキレイ科／全長16cm／雌雄同色
1 2 3 4 5 6 7 8 9 10 11 12

漂鳥。本州以北と四国の山地から亜高山帯の開けた場所で繁殖し、越冬期は平地のマツの木のある場所を好んで生活する。木の枝の上を歩くこともある。♪普段は「ツィー」または「ズィー」と鳴き、さえずりはヒバリに似た声で鳴く。

頬の後方に黒点
体上面に緑色みがある

タヒバリとの違い
越冬期の生活場所がタヒバリは河原や農耕地などを好み、ビンズイはマツの木がある場所を好む。

セキレイの仲間

ハクセキレイ [白鶺鴒]
Motacilla alba

セキレイ科／全長21㎝
1 2 3 4 5 6 7 8 9 10 11 12

留鳥、漂鳥、旅鳥。全国に見られ、九州以北で繁殖し、北のものは冬期に暖地へ移動する。おもに平地の河原や農耕地、道端などをウォーキングで歩く。普段「チュチュン、チュチュン」と鳴き、さえずりは複雑。

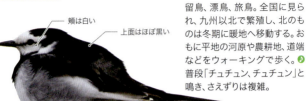

頬は白い
上面はほぼ黒い
♂夏羽

上面は灰色
♀夏羽

雌の上面は灰色
雄には黒い部分がある
♀冬羽

セグロセキレイ [背黒鶺鴒]
Motacilla grandis

セキレイ科／全長21cm／雌雄ほぼ同色
| 1 | 2 | 3 | 4 | 5 | 6 | 7 | 8 | 9 | 10 | 11 | 12 |

ほぼ留鳥。九州以北に分布。ほかの地域ではまれに記録される。平地から山地の河川、湖沼、農耕地など。繁殖後の一時期をのぞき、ほぼつがいで行動する。雌の上面は雄よりも淡い。♪「ジジィジジィ」と濁った声を出す。

頬は黒い
上面は黒い
喉は白い
胸は黒い
♂

キセキレイ [黄鶺鴒]
Motacilla cinerea

セキレイ科／全長21cm／雌雄ほぼ同色
| 1 | 2 | 3 | 4 | 5 | 6 | 7 | 8 | 9 | 10 | 11 | 12 |

漂鳥。九州以北で繁殖し、南西諸島では冬鳥。平地から亜高山帯までの河川、湖沼、山地の道など。ほかのセキレイの仲間と同様に、尾羽を上下に振りながら歩く。よく似たツメナガセキレイは足が黒い。♪普段は「チチン、チチン」と鳴き、繁殖期は複雑に鳴く。

雄は喉が黒い
腰は黄色い
足は肉色
♂夏羽
喉は白い
冬羽
足は肉色

037

シジュウカラの仲間

シジュウカラ [四十雀]
Parus minor

シジュウカラ科／全長16cm／雌雄同色
| 1 | 2 | 3 | 4 | 5 | 6 | 7 | 8 | 9 | 10 | 11 | 12 |

上背は黄緑色
1本の翼帯

留鳥、漂鳥。ほぼ全国の平地から山地の林、市街地、公園など。繁殖期以外は群れをつくって生活し、ほかの鳥がその群れに入ることも少なくない。♪「ジュクジュク」や「ツピィ」と鳴き、「ツピツピ」「ツツピィ、ツツピィ」などとさえずる。

コガラ [小雀]
Poecile montanus

頬は白い
翼帯はない
喉の黒い部分は小さい

シジュウカラ科／全長13cm／雌雄同色
| 1 | 2 | 3 | 4 | 5 | 6 | 7 | 8 | 9 | 10 | 11 | 12 |

留鳥。九州以北の山地から亜高山帯の林で生活しているが、年によっては平地に移動することも。針葉樹を中心に、ハンノキ類の木の周辺などでも行動する。♪普段は「ジィジィジィ」などと鳴き、「ツチョツチョツチョ」などとさえずる。

ヒガラ [日雀]
Periparus ater

冠羽がある
2本の翼帯

シジュウカラ科／全長11cm／雌雄同色
| 1 | 2 | 3 | 4 | 5 | 6 | 7 | 8 | 9 | 10 | 11 | 12 |

留鳥、漂鳥。屋久島以北の山地に生息し、冬期には小群で動きまわる。おもに針葉樹林を好むが、小さな昆虫やクモ類を食べるので、モミジなどの木にもやって来る。♪普段は「チー」などと鳴き、「ツピンツピン、ツピン…」と連続してさえずる。

ヤマガラ［山雀］

Poecile varius

シジュウカラ科／全長14㎝／雌雄同色

1 2 3 4 5 6 7 8 9 10 11 12

留鳥、漂鳥。九州以北の平地から山地の林。エゴノキなどの木の種子を木の隙間や根元、落ち葉の下などに隠して、貯蔵する習性がある。●普段は「ツゥツゥニィニィ」と鳴き、「ツー、ツー、ピー」とゆっくりしたテンポでさえずる。

後頭部分にクリーム色

体上面は青灰色

体下面はレンガ色

正面顔と胸の違い

ヤマガラ以外のシジュウカラの仲間は、色も模様も一見よく似ているが、よく見るとそれぞれに違いがある。特に正面からの色模様での判別に役に立つので、覚えておこう。

シジュウカラ♂

喉から腹部中央にかけて、ネクタイのように黒く、雄では太い。

シジュウカラ♀

黒いネクタイは細い。雌雄とも頬の白は黒く囲まれる。

コガラ

喉は黒く、頬は全体に白くて頭はベレー帽のように黒い。

ヒガラ

喉はヨダレかけのように黒く、頬の白は黒く囲まれる。

ヤマガラ

額から頬はクリーム色で、喉から胸は黒い。

エナガ・ゴジュウカラ

エナガ ［柄長］
Aegithalos caudatus trivirgatus

エナガ科／全長14㎝／雌雄同色
1 2 3 4 5 6 7 8 9 10 11 12

留鳥。九州以北の平地から山地の林。繁殖は早く、2月頃から始まるものもいる。繁殖が終わると群れで行動し、ある一定の縄張り内を動きまわっている。♪一年を通して「ジュリリイ」または「チリリリ」などと鳴く。

眉斑は黒い
嘴は小さい

シマエナガ ［島柄長］
Aegithalos caudatus japonicus

エナガ科／全長14㎝／雌雄同色
1 2 3 4 5 6 7 8 9 10 11 12

エナガの別亜種で、北海道だけに生息している。♪亜種エナガと同じ鳴き声で、区別はつかない。

眉斑はない

体上面は青灰色

ゴジュウカラ ［五十雀］
Sitta europaea

ゴジュウカラ科／全長14㎝／雌雄同色
1 2 3 4 5 6 7 8 9 10 11 12

留鳥。九州以北の山地の、おもに落葉広葉樹林を好んで生活する。北海道では平地にもいる。頭を下にして、木の幹を上から下に向かって歩く。♪普段は「チー」などと鳴き、「ピィーピィーピィー」とさえずる。

脇腹は茶色

キバシリ ［木走］
Certhia familiaris

キバシリ科／全長14cm／雌雄同色

1 2 3 4 5 6 7 8 9 10 11 12

留鳥。本州以北と四国の原生林を好んで生活する。木の幹を根元から上に向かって登り、再び別の木の根元に飛び移って登ることを繰り返す。♪普段は「ツリリリ」と鳴き、「ツツチチ、チリリリ… チュ」とさえずる。

サンショウクイ ［山椒喰］
Pericrocotus divaricatus

サンショウクイ科／全長20cm

1 2 3 4 5 6 7 8 9 10 11 12

嘴は下に湾曲

過眼線は黒い

背は灰黒色

背は灰色

♂

♀

夏鳥、留鳥。本州と四国の山地の林に渡来するものと、九州南部以南の平地から山地に一年中生活するものとがいる。♪特に飛びながら「ヒリリリリ、ヒリリリリ」と鳴く。

ミソサザイ ［鷦鷯］
Troglodytes troglodytes

ミソサザイ科／全長11cm／雌雄同色
1 2 3 4 5 6 7 8 9 10 11 12

留鳥、漂鳥。屋久島以北の山地から亜高山帯。おもに渓流沿いを好んで生活し、冬期には平地の水辺の藪がある場所を好む。春先には大きな声でさえずる。
♪普段は「チャッチャッ」または「チッチッ」などと鳴き、さえずりは大きな声で複雑に鳴く。

全体がこげ茶色

カワガラス ［河烏］
Cinclus pallasii

カワガラス科／全長22cm／雌雄同色
1 2 3 4 5 6 7 8 9 10 11 12

留鳥。屋久島以北の山地から亜高山帯までの、川や渓流などで見られる。水がない場所では生きていけない。頻繁に水に潜る。♪川面を飛びながら「ビィ、ビィ」と鳴く。

全体がチョコレート色

ミソサザイは、沢筋などの岩の上や倒木、木の上などで大きな声でさえずる。

カワガラスはほとんどの時間を水中で過ごし、ときどき岩などで休息する。

アトリの仲間

カワラヒワ [河原鶸]
Chloris sinica

アトリ科／全長15cm
1 2 3 4 5 6 7 8 9 10 11 12

留鳥、漂鳥。九州以北で繁殖し、北のものは冬期に暖地へ移動する。南西諸島では冬鳥。冬期は平地から山地の河原や農耕地、市街地の公園などで群れる。♪「チュウィン」「キリキリキリ」などと鳴く。さえずりは飛びながらいろいろな声を出し、最後に「ビーン」と鳴く。

翼の一部が黄色い

尾羽基部は白っぽい

尾羽基部は黄色い

♂　♀

マヒワ [真鶸]
Carduelis spinus

アトリ科／全長12cm
1 2 3 4 5 6 7 8 9 10 11 12

冬鳥で、少数が漂鳥。ほぼ全国の平地から山地の林や農耕地、市街地の公園などで見られる。繁殖は北海道などごく一部で行い、ほとんどが冬鳥として渡来する。♪「チュイーン」などと鳴き、「チル、チュル、チュ、チュル、チュィーン」とさえずる。

腹部は白っぽい

全体に黄色っぽい

♂　♀

アトリ [花鶏・獦子鳥]
Fringilla montifringilla

アトリ科／全長16cm
<u>1 2 3 4 5</u> 6 7 8 9 <u>10 11 12</u>

冬鳥。ほぼ全国の平地から山地の林や農耕地など。アトリ科の鳥は年によって数に増減があり、特にアトリは激しく、多い年には数十万羽もの大群になる。♪「キョォ」「キョッ」「チュイン」などといろいろな声で鳴く。

胸はオレンジ色

♂冬羽

♂夏羽
頭部が真っ黒で、胸の橙色は濃い。

胸は淡いオレンジ色

♀

群れは常に動きまわりながら採食する。

045

アトリの仲間

ベニマシコ [紅猿子]
Uragus sibiricus

アトリ科／全長16cm
1 2 3 4 5 6 7 8 9 10 11 12

漂鳥。北海道で繁殖し、それよりも南で越冬する。平地から山地の林や河原、草原、農耕地などに生息。越冬期は単独か数羽の小群で行動することが多い。♪「フィッ、フィ」と2音で鳴くことが多く、「チュル、チュル、チイ、チッ」などとさえずる。

前頭部は白っぽい

喉は白っぽい

体下面は赤い

♂ 夏羽

体下面は夏羽ほど赤みがない

♂ 冬羽

全体に淡褐色で黄色みもある

♀

ベニマシコとオオマシコの翼帯の違い

ベニマシコ

翼帯は2本あり、太くてよく目立つ。

オオマシコ

翼帯は2本あるが、淡い。

オオマシコ [大猿子]
Carpodacus roseus

アトリ科／全長17㎝
1 2 3 4 5 6 7 8 9 10 11 12

冬鳥。九州以北の山地に多く、北国では平地にもいる。小群で行動していることが多く、特にハギの種子を好んで食べるので、ハギのある場所にいる。♪普段は「フィッ」や、「チーィ」と鳴く。

額は銀白色
銀白色
全体に紅色
♂

嘴は黒みがある
全体に紅色みが少ない
♀

ハギマシコ [萩猿子]
Leucosticte arctoa

アトリ科／全長16㎝
1 2 3 4 5 6 7 8 9 10 11 12

後頭部分は黄褐色
腹部は薄紅色
♂

後頭部分に黄色みは少ない
♀
腹部に薄紅色みは少ない

冬鳥。九州以北の平地から山地の崖のある場所で、北国では平地の牧場や農耕地などにもいる。群れで行動していることが多く、警戒心が強い。♪普段は濁った声で「キョッ」「ジュッ」「ジュン、ジュン」などと鳴く。

🔺 アトリの仲間

シメ [鴲・蝋嘴・此女]
Coccothraustes coccothraustes

アトリ科／全長19cm

| 1 | 2 | 3 | 4 | 5 | 6 | 7 | 8 | 9 | 10 | 11 | 12 |

漂鳥、冬鳥。ほぼ全国の平地から山地の林や農耕地、市街地の公園など。多くは群れで行動しているが、単独で生活しているものもいる。かたい木の種子を食べる。♪普段は「チッ」と鳴き、「チッチ、チッチッピチチチ」などと小声でさえずる。

嘴は鉛色
頭は橙黄色
目先は黒い
♂夏羽

嘴は肉色
♂冬羽

目先は淡色
嘴は鉛色（冬羽は肉色）
♀夏羽

嘴は黄色

イカル［桑鳴・鵤］
Eophona personata

アトリ科／全長23cm／雌雄同色
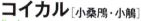

漂鳥。ほぼ全国の平地から山地の林、市街地の公園など。群れで見ることが多く、地上でモミジ類やエノキ、ムクノキの種子を食べている姿を見ることが多い。♪普段は「キョッ」と鳴く。「キコ、キコ、キィー」というさえずりは、「お菊二十四」や「月日星」などと聞きなされる。

コイカル［小桑鳴・小鵤］
Eophona migratoria

アトリ科／全長19cm

翼の先は白く目立つ

嘴は黄色く先端が黒い

脇腹は橙色

翼の先は白い

旅鳥、冬鳥。全国の平地から山地の林、市街地の公園など。モミジ類やエノキの種子を樹上や地上で食べている姿を見るが、春先に見ることが多い。♪普段は「キョッ」と鳴き、「キョー、キィコ、キィー」とさえずり、イカルより濁る。

アトリの仲間

ウソ[鷽]
Pyrrhula pyrrhula griseiventris

アトリ科／全長16cm
1 2 3 4 5 6 7 8 9 10 11 12

漂鳥、冬鳥。おもに九州以北の平地から山地の林、市街地の公園など。サクラの芽を食べることで有名であるが、そのほとんどが北から来る亜種アカウソ（右ページ）である。普段は「フィフィ」と鳴き、「フィロ、フィロ、フィーフィー」とさえずる。

- 頬は赤い
- 体上面は黒灰色
- 体下面は灰色
- ♂
- 頬は赤くない
- 大雨覆は灰色
- 嘴は太短い
- 体下面は灰褐色
- ♀

ウソの亜種

日本には3亜種が知られていて、ウソ、アカウソのほかにベニバラウソがいる。

ベニバラウソの雄。胸から腹部は赤い。雌雄とも大雨覆が白いのが、ほかの亜種との違い。

赤みがある

アカウソ[赤鷽]
Pyrrhula pyrrhula rosacea

アトリ科／全長16㎝
| 1 | 2 | 3 | 4 | 5 | 6 | 7 | 8 | 9 | 10 | 11 | 12 |

ウソの別亜種で、冬期に平地にやってくる個体の多くはこれである。雄の腹部には赤みがあるが、若い個体では赤みがないものもいる。雌は亜種ウソと変わらない。♪普段は「フィフィ」と鳴き、「フィロ、フィロ、フィーフィー」とさえずる。

イスカ[交喙・交嘴]
Loxia curvirostra

アトリ科／全長17㎝
| 1 | 2 | 3 | 4 | 5 | 6 | 7 | 8 | 9 | 10 | 11 | 12 |

留鳥、冬鳥。平地から山地の松林に多く、それ以外では少ない。マツの実に依存しているので、マツの実が熟す冬期にも繁殖し、同時に北から冬鳥が来る。♪普段は「キョッキョッ」などと鳴き、さえずりは複雑。

嘴は交差している
過眼線は黒っぽい
全体に橙赤色
♂

頭部は黄色っぽく黒い斑紋がある
全体にオリーブ色
♀

イスカの嘴
正面から見ると上嘴はまっすぐで、下嘴が曲がっていることがわかる。

キクイタダキ・メジロ

キクイタダキ [菊戴]
Regulus regulus

キクイタダキ科／全長10cm
| 1 | 2 | 3 | 4 | 5 | 6 | 7 | 8 | 9 | 10 | 11 | 12 |

留鳥、漂鳥。山地から亜高山帯のおもに針葉樹林を好んで生活する。年によっては平地にも現れ、針葉樹やモミジなどの木の枝先で、ホバリングしたりする。♪普段は「ツィー」などと鳴き、「チュチュチュチュ…、チーチチィチュ」などと早口にさえずる。

キクイタダキ♂の頭頂
頭頂の黄色い頭央線は、中央部分が赤い。

キクイタダキ♀の頭頂
頭頂の黄色い頭央線は、中央部分が赤くない。

眼のまわりは白っぽい

白い翼帯が目立つ

メジロ [繍眼児・目白]
Zosterops japonicus

メジロ科／全長12cm／雌雄同色
| 1 | 2 | 3 | 4 | 5 | 6 | 7 | 8 | 9 | 10 | 11 | 12 |

留鳥、漂鳥。ほぼ全国の平地から山地の林、市街地の庭や公園など。つがいで生活するが、冬期の若い個体は群れで行動し、その群れに成鳥も入ることがある。♪普段は「チー」や「チュー」などと鳴き、「チィチョチューチィ」などとさえずり、「長兵衛、中兵衛、長中兵衛」と聞きなされる。

白いアイリング

喉は黄色い

ウグイスの仲間

くすんだ眉斑がある

上面は黄緑色みのある灰褐色

腹部は汚白色

ウグイス［鶯］
Cettia diphone

♂ ウグイス科／全長♂16cm ♀14cm

1 2 3 4 5 6 7 8 9 10 11 12

雄よりひとまわり小さい

♀

雄に比べて、足が細短い

留鳥、漂鳥。全国の平地から山地の林、市街地の公園など。渡り期以外は単独かつがいで生活し、冬はヤブの中を動きまわり、昆虫やクモ類を食べる。♪普段は「チャッ、チャッ」などと鳴き、繁殖期には「ホーホケキョ」と鳴く。

尾羽は短い

ヤブサメ［薮雨・薮鮫］
Urosphena squameiceps

ウグイス科／全長11cm／雌雄同色

1 2 3 4 5 6 7 8 9 10 11 12

夏鳥。屋久島以北の平地から山地の林。林床にササなどのブッシュがある所を好む。表に出てくることは少なく、声で存在がわかる。♪普段は「チュ」と鳴き、繁殖期には「シシシシ…」と虫のような声で連続してさえずる。

ムシクイの仲間

センダイムシクイ［仙台虫喰］
Phylloscopus coronatus

ウグイス科／全長13cm／雌雄同色
1 2 3 **4 5 6 7 8 9** 10 11 12

夏鳥。九州以北の平地から山地の林を好んで生活し、林内や灌木の枝上を活発に動きまわり、昆虫やクモ類を食べる。渡り期には市街地でもよく見られる。♪普段は「ピッ」などと鳴き、さえずりは「チヨチヨチー」または「チイチヨビィー」などと鳴き、「焼酎一杯ぐいー」「鶴千代君」などと聞きなされる。

メボソムシクイ［目細虫喰］
Phylloscopus xanthodryas

ウグイス科／全長13cm／雌雄同色
1 2 3 **4 5 6 7 8 9** 10 11 12

夏鳥。本州、四国、九州の亜高山帯に渡来し、針葉樹林を好んで生活する。渡り期には平地の市街地にも姿を見せるが、ほかのムシクイの仲間より少ない。♪普段は「ジッ」または「ジジッ」で、さえずりは「チョリチョリチョリチョリ」と4音で鳴くことが多く、「銭取り銭取り」と聞きなす。

ムシクイの仲間の翼帯

ムシクイの仲間3種は、ほとんどに1本ないし2本の翼帯がある。翼帯は若い個体ほどはっきりし、成鳥に近づくほど細くなるか、ほとんどないものもいる。よく似たウグイスには翼帯がない。

エゾムシクイの翼帯

エゾムシクイ [蝦夷虫喰]
Phylloscopus borealoides

ウグイス科／全長12cm／雌雄同色
1 2 3 4 5 6 7 8 9 10 11 12

夏鳥。本州以北の山地から亜高山帯の針広混合林を好み、林内の比較的高所の暗い場所を動きまわっている。渡り期には平地の市街地にも姿を見せることがある。♪普段は「チェッ」などと鳴き、さえずりは金属的に「ヒーツーキー」または「ツィーチイーチィー」などと鳴く。

ムシクイの仲間 3 種の違い

	センダイムシクイ	メボソムシクイ	エゾムシクイ
鳴き声	「チョチョビィー」「チョチョチョチョ」「チチョチチョビィー」などと聞こえる。	「ジュ」や「ジィ」などの前奏を入れて「チョリチョリチョリチョリ」と聞こえる。	金属的な「ヒーツーキー」「ピィッツーピィ」などと聞こえる。
顔と頭部	 頭から体上面は緑色みが強く、頭頂に頭央線がある。	 頭から体上面には緑色みがあるが、褐色みもある。	 頭頂部は暗褐色で、背にかけての体上面は緑色みもある。

ヨシキリの仲間

オオヨシキリ［大葭切・大葦切］
Acrocephalus orientalis

ヨシキリ科／全長18cm／雌雄同色

1 2 3 4 5 6 7 8 9 10 11 12

夏鳥。九州以北のアシ原のある河原や沼、農耕地など。渡来してしばらくすると、枯れたアシやアシ原の中の灌木、近くの木などの高所にとまって鳴く。♪「ギョ, ギョギョシ ギョギョシ, ギョギョギョ」と鳴く。

白っぽい眉斑

胸に暗色の縦斑がある

コヨシキリ［小葭切・小葦切］
Acrocephalus bistrigiceps

ヨシキリ科／全長14cm／雌雄同色

1 2 3 4 5 6 7 8 9 10 11 12

夏鳥。九州以北のアシ原のある河原や沼、農耕地など。近くにヨモギなどのキク科植物がある場所を好む。枯れたアシの茎などにとまり、草原の高所で鳴く。♪「ジュジュ チチチ ピチュピィビィ チュィ チュィ ジジジ」などと複雑に鳴く。

白い眉斑　　黒い頭側線

オオヨシキリとの違い
生息環境も行動も羽衣もよく似ているが、口の中の色が違う。

コヨシキリ

口の中が黄色っぽい色をしている。

オオヨシキリ

口の中が赤っぽい色をしている。

センニュウの仲間

シマセンニュウ[島入]
Locustella ochotensis

センニュウ科／全長16cm／雌雄同色
1 2 3 4 5 6 7 8 9 10 11 12

夏鳥。北海道の海岸近くの草原に渡来して繁殖し、それよりも南では渡りの時期だけに見られる。草原の高所で鳴く姿を見かけることが多い。♪普段は「チッ」と鳴き、「チッチュ、チュビチュビチュビ」などとさえずる。

雨覆の羽縁は淡色で目立つ

尾羽の先端は白い

マキノセンニュウ[牧野仙入]
Locustella lanceolata

センニュウ科／全長12cm／雌雄同色
1 2 3 4 5 6 7 8 9 10 11 12

胸から脇腹に黒褐色の縦斑

夏鳥。北海道の海岸近くの草原に渡来して繁殖し、それよりも南では渡りの時期だけに見られる。♪背の高い草や灌木の枯れ木などにとまって「シリリリ…」と鳴き、1分以上鳴き続けることがある。

センニュウ・セッカの仲間

オオセッカ [大雪加]
Locustella pryeri

センニュウ科／全長13cm／雌雄同色
1 2 3 4 5 6 7 8 9 10 11 12

留鳥、漂鳥。青森県、茨城県、千葉県など局地的な場所で繁殖し、あまり背の高くないアシ原を好んで生活する。♪空中に飛び上がって「ジュジュ」と前奏を入れた後、「ジョリジョリジョリ…」とさえずる。

太くて黒い縦斑がある

夏羽

尾羽の先に黒い帯はない

ディスプレイ飛行をするオオセッカの雄

セッカ [雪加]
Cisticola juncidis

セッカ科／全長13cm／雌雄同色
1 2 3 4 5 6 7 8 9 10 11 12

留鳥、漂鳥。おもに関東地方以南の平地の河原、草原、農耕地に生息し、繁殖期には巣材となるチガヤがある場所を好む。越冬期には草むらの地上で生活する。♪空中を上昇しながら「ヒヒヒ…」と鳴き、下降しながら「ジャジャジャ…」と鳴く。

夏羽

黒い頭側線がある

夏羽背面

尾羽の先端は白い

尾羽の先に黒い帯

ツリスガラ[吊巣雀]

Remiz pendulinus

ツリスガラ科／全長11cm

1 2 3 4 5 6 7 8 9 10 11 12

冬鳥。おもに九州の海岸近くのアシ原に見られるが、減少傾向にある。年によっては関東地方以南の太平洋側でも見られる。アシの鞘をむいてカイガラムシを食べる。普段は「チー」または「ツィー」という声を出す。

過眼線は黒褐色

♂

♂背面

常に小群で行動し、渡去の頃は草についたアブラムシをよく食べる。

ヒタキの仲間

オオルリ[大瑠璃]
Cyanoptila cyanomelana

ヒタキ科／全長16㎝
1 2 3 4 5 6 7 8 9 10 11 12

夏鳥。九州以北の平地から山地の渓流、湖沼、沢、湿地などに隣接する林を好む。雄は決まった高い梢などにとまって、縄張り宣言でさえずる。♪普段は「ヂョ」と鳴き、「ピィーチュイチュイピージジ」などとさえずる。

額から頭頂に光沢がある
喉は黒い
明るい青色
♂

先が鉤型
一様に白っぽい
茶色みがある
♀

黄色い眉斑
上面は黒い
喉は橙色みが強い
白い斑紋
背から腰は黄色

キビタキ[黄鶲]
Ficedula narcissina

ヒタキ科／全長14㎝
1 2 3 4 5 6 7 8 9 10 11 12

夏鳥。南西諸島では留鳥。ほぼ全国の平地から山地の林で見られる。高木があり、樹間に空間のある林を好んで生活する。♪普段は「ピッ」と鳴き、「ピックルピックル、オーシツクツク」など、いろいろな声でさえずる。

嘴の先はまっすぐ
胸の部分は濃淡がある
♂
♀

サメビタキ ［鮫鶲］
Muscicapa sibirica

ヒタキ科／全長14cm／雌雄同色
1 2 3 4 **5 6 7 8 9** 10 11 12

夏鳥。中部地方以北の亜高山帯に渡来し、北海道では山地でも見られる。コサメビタキよりも針葉樹を好む傾向がある。渡り期に見る機会は少ない。♪普段は「ツィー」と鳴き、「チョジーチチジー」などとさえずる。

目先は暗色

目先は白っぽい
体上面は灰褐色

コサメビタキ ［小鮫鶲］
Muscicapa dauurica

ヒタキ科／全長13cm／雌雄同色
1 2 3 4 **5 6 7 8 9** 10 11 12

夏鳥。ほぼ全国の平地から山地の林、特に広葉樹が繁茂する林を好む。春秋の渡り期には市街地の林などでも見られ、秋には木の実がなっている木によく現れる。♪普段は「ツィー」と鳴き、「チュチィチュチュチー」などとさえずる。

エゾビタキ ［蝦夷鶲］
Muscicapa griseisticta

ヒタキ科／全長15cm／雌雄同色
1 2 3 4 5 6 7 8 **9 10** 11 12

旅鳥。春秋の渡り期に全国的に渡来し、平地から山地の林縁部に多く、市街地の公園などにも姿を現す。秋の渡り期には、ミズキなどの木の実を食べる。♪普段は「ツィー」などと鳴く。

目先は白っぽい
体上面は灰褐色
褐色の縦斑がある

ヒタキの仲間

正面から見た胸で見分ける

オオルリとキビタキの雌、サメビタキ、コサメビタキ、エゾビタキの5種類は、野外で見るとよく似ている。正面から見た胸をキーにすると、見分けやすい。

オオルリ♀

胸は個体により濃い薄いがあるが、一様な色となる。

キビタキ♀

喉から胸は、濃い部分と淡い部分が見られ、淡い鱗状斑に見える。

サメビタキ♂

喉は白っぽく、胸は灰褐色で暗褐色の縦斑がある。

コサメビタキ♂

喉から胸は一様に白っぽく、胸には淡い灰褐色みがある。

エゾビタキ♂

喉と胸は白っぽく、胸に暗褐色の縦斑がある。

サンコウチョウ [三光鳥]
Terpsiphone atrocaudata

カササギヒタキ科／全長♂45㎝ ♀18㎝

1 2 3 4 5 6 7 8 9 10 11 12

夏鳥。本州以南の平地から山地のスギやヒノキがある広葉樹林を好んで渡来し、よく通る声で鳴いて樹間を飛ぶ。♪「フィチィ、ヒィイホイホイホイ」とさえずり、これを「月日星ホイホイホイ」と聞いて三光鳥となった。

小型ツグミの仲間

ルリビタキ［瑠璃鶲］
Tarsiger cyanurus

ヒタキ科／全長14cm

| 1 | 2 | 3 | 4 | 5 | 6 | 7 | 8 | 9 | 10 | 11 | 12 |

- 白い眉斑は個体によって長短がある
- 淡い青色
- 脇腹は橙色

- 淡色の眉斑
- オリーブ褐色
- 脇腹は橙色
- 尾羽は青色

漂鳥。中部地方以北と四国の亜高山帯で繁殖し、東北南部以南の平地から山地の林、市街地の公園などで越冬する。♪普段は「ヒッヒッ」と鳴き、「ヒョロリ、チュリリリ」とさえずる。

ジョウビタキ［常鶲・尉鶲］
Phoenicurus auroreus

ヒタキ科／全長13cm

| 1 | 2 | 3 | 4 | 5 | 6 | 7 | 8 | 9 | 10 | 11 | 12 |

冬鳥。ほぼ全国の平地から山地の開けた場所を好んで生活。雌雄に関係なく縄張りをつくって一冬をすごす。♪「ヒッヒッ」と鳴き、続けて「カッカッ」という声を出す。渡来直後以外はあまり鳴くことはない。

- 額から頭部は灰白色
- 白い斑紋
- 腹部は橙色
- 腰は橙色
- 白い斑紋

コルリ［小瑠璃］
Luscinia cyane

ヒタキ科／全長14cm

1 2 3 4 5 6 7 8 9 10 11 12

- 目先が黒い
- 淡い青色の眉斑
- 喉からの体下面は白い
- 暗い青色
- 脇腹は黒い

♂

- 眼のまわりが白っぽい
- 淡い鱗模様がある

♀

夏鳥。中部地方以北の山地から亜高山帯で、ササや灌木が茂る林を好んで生活する。地上を歩いて、ほかのツグミ類と同様に、ミミズや昆虫、クモ類などを食べる。♪さえずりは「チチチ…」という前奏を入れた後に、「チョチョチョ…」または「チョイチョイチョイ」などと鳴く。

コマドリ［駒鳥］
Luscinia akahige

ヒタキ科／全長14cm

1 2 3 4 5 6 7 8 9 10 11 12

- 頭は赤橙色
- 黒い帯がある
- 淡い赤橙色
- 雄より淡色で黒い帯がない

♂

♀

夏鳥。九州以北の山地から亜高山帯のササなどが繁茂する林に生息する。大隅半島と伊豆諸島の一部では、留鳥として生息するものがいる。♪繁殖期に「ヒン、カラララ…」と鳴く。

065

小型ツグミの仲間

ノビタキ [野鶲]
Saxicola torquatus

ヒタキ科／全長14㎝
1 2 3 4 5 6 7 8 9 10 11 12

夏鳥。中部地方の高原と北海道の草原に渡来して繁殖する。そのほかの地域では渡り期だけだが、特に秋の渡り期には、農耕地や河原などでよく見られる。♪普段は「ヒッ」または「ジャッ」と鳴き、「ヒーチュ、ピチー」とさえずる。

胸元は橙色 ／ 白斑がある ♂

頭部に黒み（若いものは黒みが少ない） ／ 白斑がある ／ 胸は淡い橙色 ♀

白い眉斑 ／ 喉は赤い ／ 白い頬線 ♂

ノゴマ [野駒]
Luscinia calliope

ヒタキ科／全長16㎝
1 2 3 4 5 6 7 8 9 10 11 12

目先が黒い ／ 白い眉斑 ／ 白い頬線 ／ 腹部は汚白色 ♀

夏鳥。北海道の北部や東部の海岸近くの草原や標高1000m以上のハイマツがある草原などに渡来する。繁殖期には背の高い草や灌木、ハイマツなどにとまってさえずる。♪「チュイチュイ、チョロリチョロリ、チリー」などと鳴く。

ノゴマの雄。縄張りを主張するため草原の高い所で常にさえずる。

大型ツグミの仲間

ツグミ［鶫］
Turdus naumanni

ヒタキ科／全長24cm／雌雄同色

1 2 3 4 5 6 7 8 9 10 11 12

冬鳥。ほぼ全国の平地から山地の林、農耕地、市街地などに広く分布する。春秋は群れで見ることがあるが、厳寒期には単独で行動していることが多い。♪普段は「クワックワッ」「クックッ」「ツィ」などと鳴き、渡去前には複雑な声で、つぶやくようにして長く鳴く。

眉斑は白っぽい

雨覆は茶色い

胸から脇腹に黒斑がある

ツグミの亜種ハチジョウツグミ

亜種ツグミは北シベリアで、亜種ハチジョウツグミは中部・南部シベリアで繁殖している。亜種名は、昔、八丈島で捕獲されたことから名づけられたもので、けっして八丈島に多いわけではない。全国で記録があるが、南西諸島には特に多い傾向がある。

亜種のハチジョウツグミ

亜種ツグミの黒っぽい部分が、淡いレンガ色をしていて、特に体下面の斑は黒色にはならない。また頭から体上面は一様に灰褐色。

淡色のハチジョウツグミ

雌の可能性もあるが、よくわかっていない。亜種ツグミとの交雑個体も少なくなく、レンガ色の斑に黒い部分があったりする。

クロツグミ [黒鶫]
Turdus cardis

ヒタキ科／全長22㎝
1 2 3 **4 5 6 7 8 9** 10 11 12

夏鳥。九州以北の山地の林に渡来。早朝からよく通る声でさえずり、とても目立つ。♪普段は「ツー」または「キョッキョッ」と鳴き、「キョロンキョロン キコキコキィー」などとさえずる。

嘴とアイリングは黄色

腹部と脇腹は白く、黒い斑紋がある

♂

脇腹は橙色

♀

嘴は黒い

白い眉斑

全体に黒い

顔の模様は複雑

♂

下尾筒の羽縁は白い

下面全体に鱗模様

♀

マミジロ [眉白]
Zoothera sibirica

ヒタキ科／全長23㎝
1 2 3 4 **5 6 7 8 9** 10 11 12

夏鳥。中部地方以北の山地の林に渡来するが、渡りの時期以外で見ることはむずかしい。♪普段は「クッ」または「キョッ」と鳴き、「チュリリリ」などと爽やかにさえずる。

大型ツグミの仲間

アカハラ［赤腹］
Turdus chrysolaus

ヒタキ科／全長24cm

| 1 | 2 | 3 | 4 | 5 | 6 | 7 | 8 | 9 | 10 | 11 | 12 |

- ぼやけた眉斑がある
- 喉は白っぽい
- 脇腹の橙色は淡い
- 頬から喉は黒っぽい
- 胸から脇腹は橙色

漂鳥。ほぼ全国で見られ、中部地方以北の山地で繁殖し、それよりも南で越冬する。冬期に見られる個体の多くは、冬鳥として渡来しているものが多い。♪普段は「ツィー」または「キョキョ」などと鳴き、「キョロンキョロン、ジュリリ」とさえずる。

マミチャジナイ［眉茶鶫］
Turdus obscurus

- 眉斑と眼の下は白い
- 喉は黒い
- 脇腹は橙色
- 頭部に青灰色みがない
- 腮は白

ヒタキ科／全長♂22cm ♀23cm

| 1 | 2 | 3 | 4 | 5 | 6 | 7 | 8 | 9 | 10 | 11 | 12 |

旅鳥、冬鳥。春秋の渡り期には、ほぼ全国の平地から山地の林で見られ、多くは群れで行動している。また、暖地では越冬している個体もいる。♪飛びたつときなどに「ツィー」「キョキョ」などと鳴く。

頭部は灰褐色
喉は黒っぽい
腹部は白っぽい
脇腹は淡褐色
♂

喉は白っぽい
♀

シロハラ[白腹]
Turdus pallidus

ヒタキ科／全長25cm
1 2 3 4 5 6 7 8 9 10 11 12

冬鳥。ほぼ全国の平地から山地の林、樹木の多い公園、果樹園などに生息する。北海道には少なく、南に行くほど個体数は多くなり、南西諸島には多い。♪普段は「ツイー」「キョッキョッ」と鳴き、渡去前にアカハラに似た声で鳴く。

トラツグミ[虎鶫]
Zoothera dauma

ヒタキ科／全長30cm／雌雄同色
1 2 3 4 5 6 7 8 9 10 11 12

漂鳥、留鳥。ほぼ全国の平地から山地の林で見られ、奄美大島以北で繁殖する。冬期には市街地の公園などにも姿を現し、腰を上下に動かしながら歩く。♪普段は小さな声で「チーィ」と鳴き、さえずりは夜間から早朝に「ヒーィ、ヒョー」と鳴く。

体下面は黄褐色と黒の鱗模様

 大型ツグミの仲間・ヒヨドリ

イソヒヨドリ［磯鵯］
Monticola solitarius

ヒタキ科／全長23㎝
| 1 | 2 | 3 | 4 | 5 | 6 | 7 | 8 | 9 | 10 | 11 | 12 |

- 体上面は青い
- 腹部はレンガ色
- 下尾筒はレンガ色
- 足の付け根は青い
- 青みがある
- 細かい鱗模様

♀ ♂

留鳥、漂鳥。ほぼ全国の海岸の岩場や岩壁、礫地など。海岸から30㎞も内陸の河川やダムなどにいることもある。寒冷地のものは、冬期には暖地へ移動する。
♪普段は「ヒッ、ヒッ」などと鳴き、「ヒィーチョー、チョチョ、チュー」などと鳴く。

- 頭部は短い冠羽状
- 耳羽は茶色

ヒヨドリ［鵯］
Hypsipetes amaurotis

ヒヨドリ科／全長28㎝／雌雄同色
| 1 | 2 | 3 | 4 | 5 | 6 | 7 | 8 | 9 | 10 | 11 | 12 |

留鳥、漂鳥。全国の平地から山地のいたる場所にいる。騒がしく鳴いて動きまわり、春秋の渡り期には、大群で飛ぶ姿を見ることができる。
♪「ピィー」「ピーヨ」などと鳴く。

ブッポウソウ・ヤツガシラ

ブッポウソウ［仏法僧］
Eurystomus orientalis

ブッポウソウ科／全長30cm

1 2 3 4 5 6 7 8 9 10 11 12

夏鳥。本州、四国、九州の平地から山地の開けた場所がある林縁部に渡来する。一定の場所から飛びたって、空中で大型の昆虫などを捕らえる。♪濁った声で「ゲゲゲゲ」と鳴く。

頭部は黒い

全体に青や緑の光沢がある

足が赤い

♂

飛んでいるブッポウソウ
翼に白い斑紋がある。

ヤツガシラ［戴勝］
Upupa epops

ヤツガシラ科／全長27cm／雌雄同色

1 2 3 4 5 6 7 8 9 10 11 12

旅鳥。全国に記録があるが、九州以南での記録が多い。特に3〜4月頃に、芝地や農耕地などの草丈の低い場所を好む。降りたったり、驚いたりしたときに、冠羽を立てる。♪繁殖期に「ポポポ、ポポポ、ポポポ」と3音で鳴く。

冠羽を広げたヤツガシラ
冠羽は2列に並んでいる。

翼は複雑な模様

嘴は細くて下に湾曲している

カワセミの仲間

カワセミ [翡翠]
Alcedo atthis

カワセミ科／全長17cm
| 1 | 2 | 3 | 4 | 5 | 6 | 7 | 8 | 9 | 10 | 11 | 12 |

留鳥、漂鳥。全国の平地から山地の魚がいる河川、湖沼、海岸などに生息し、寒冷地のものは冬期に暖地へ移動する。水面の上空でホバリングをする。♪「ツッピー」「チッ」などと鳴く。

嘴は黒い

コバルトブルー

♂

カワセミ♀
カワセミの雌雄の羽衣はほぼ同じだが、嘴が雄では黒く、雌は下嘴が赤い。

アカショウビン [赤翡翠]
Halcyon coromanda

カワセミ科／全長27cm／雌雄同色
| 1 | 2 | 3 | 4 | 5 | 6 | 7 | 8 | 9 | 10 | 11 | 12 |

夏鳥。ほぼ全国の山地の渓流沿い、ブナ林などの広葉樹林などに渡来する。先島諸島には、移動しない個体もいる。サワガニやカエルなどを捕る。♪「キョロロロ…」と尻すぼみの声を出し、「ケケケ…」と警戒の声も出す。

嘴は赤い

腰部に水色の斑紋がある

長い冠羽

ヤマセミ［山翡翠］
Megaceryle lugubris

カワセミ科／全長38cm／雌雄ほぼ同色
1 2 3 4 5 6 7 8 9 10 11 12

　留鳥。九州以北の渓流や湖沼などに生息。水面に突き出た木の枝にとまって、そこから水面に飛び込んだり、ホバリングして魚を捕ったりする。
♪「キャラッ」または「キョッ」と鳴く。

全体に白と黒の斑模様

雄には橙色部がある

♀

ヤマショウビン［山翡翠］
Halcyon pileata

嘴は赤い

カワセミ科／30cm／雌雄同色
1 2 3 4 5 6 7 8 9 10 11 12

　旅鳥。おもに日本海側の小島の海岸の岩礁やその近くの林、川筋などで5月頃多く記録され、カエルやカニなどをよく捕る。
♪あまり鳴くことはないが「チィチィ」という声を出す。

翼には白斑がある

ムクドリの仲間

ムクドリ［椋鳥］
Spodiopsar cineraceus

ムクドリ科／全長24cm

| 1 | 2 | 3 | 4 | 5 | 6 | 7 | 8 | 9 | 10 | 11 | 12 |

漂鳥、留鳥、南西諸島では冬鳥。九州以北の市街地から山地の開けた場所に生息。農耕地や道端、芝地などの草丈の低い場所を好んで生活する。♪普段は「ジュル」「チッ」「ギュ」「キュ」などと鳴く。

嘴は橙色
足は黄橙色
飛ぶと雌雄ともに白い腰が見える
全体に雄より淡色
眼の後方に暗色斑
体上面全体に金属光沢がある
頭部全体に灰白色

コムクドリ［小椋鳥］
Agropsar philippensis

ムクドリ科／全長19cm

| 1 | 2 | 3 | 4 | 5 | 6 | 7 | 8 | 9 | 10 | 11 | 12 |

夏鳥。中部地方以北の平地から山地の林。繁殖期以外は群れで行動し、渡り期にはムクドリの群れに入ることもある。ムクドリよりも樹上で行動する。♪普段は「キュル」と鳴き、「キュキュキュ、キュルル」などとさえずる。

レンジャクの仲間

キレンジャク [黄連雀]
Bombycilla garrulus

レンジャク科／全長20cm
1 2 3 4 5 6 7 8 9 10 11 12

冬鳥。中部地方以北に多く、それよりも南には少ない。市街地から山地の林やその周辺で行動し、飛翔時に下から見るとムクドリの飛翔型によく似ている。♪「チリリリ」「チーチー」などと鳴く。

目先は黒い

赤い部分がある

尾羽の先は黄色

キレンジャク♀または若鳥
初列風切の斑は一本線。雄はV字型。

ヒレンジャク [緋連雀]
Bombycilla japonica

レンジャク科／全長18cm
1 2 3 4 5 6 7 8 9 10 11 12

冬鳥。全国的に記録されるが、中部地方以南に多い。ふつうは群れで行動し、電線や枯れ木などに並んでとまる。木の実などを食べた後にはよく水を飲む。♪「チリリリ」「ヒーヒー」などと鳴く。

黒い過眼線は冠羽の先までのびる

尾羽の先は赤い

ヒレンジャク♀または若鳥
初列風切の斑は一本線。雄はV字型。

外来鳥

眼の周囲が白い

ガビチョウ [画眉鳥]
Garrulax canorus
チメドリ科／25cm
1 2 3 4 5 6 7 8 9 10 11 12

留鳥。東北南部以南に局地的に生息するが、生息範囲は徐々に広がり、全国区になりつつある。平地から山地の林の中を一年を通して鳴きながら動きまわる。♪「ギュルルル」などと鳴き、ほかの鳥の声をまじえて複雑にさえずる。

カオグロガビチョウ [顔黒画眉鳥]
Garrulax perspicillatus
チメドリ科／30cm
1 2 3 4 5 6 7 8 9 10 11 12

目先から頬までが黒い

留鳥。本州に局地的に生息する。平地から山地の込み入った林の中に生活していることが多い。一時期よりも個体数は減少している。♪「ピュー」「ピィ」などと鳴き、ガビチョウ同様複雑にさえずる。

喉の黄色が目立つ

ソウシチョウ [相思鳥]
Leiothrix lutea

チメドリ科／15cm

| 1 | 2 | 3 | 4 | 5 | 6 | 7 | 8 | 9 | 10 | 11 | 12 |

漂鳥。ほぼ関東地方から九州に生息し、繁殖期は山地のササが生えるような場所で過ごし、冬期には群れで平地に下りてくる。♪「フィーフィー」または「ジュッジュッ」などと鳴き、クロツグミに似た声で複雑に鳴く。

翼には赤い斑がある

尾羽は長い

嘴はモズのような形

♀

雄には頸に黒い輪がある

ホンセイインコ [本青鸚哥]
Psittacula krameri

インコ科／40cm

| 1 | 2 | 3 | 4 | 5 | 6 | 7 | 8 | 9 | 10 | 11 | 12 |

留鳥。中部地方から九州までに局地的に生息するが、東京周辺に最も多く生息している。樹洞で繁殖し、その周辺で一年中生活するものが多い。♪「キィ」または「キョル」などの声を出す。

キツツキの仲間

大きな白斑

後頭が赤い

下腹部から下尾筒は赤い

♂

アカゲラ［赤啄木鳥］
Dendrocopos major

キツツキ科／全長24㎝
1 2 3 4 5 6 7 8 9 10 11 12

留鳥。北海道の平地から山地の林、本州と四国の山地に生息し、年によっては市街地の公園などに姿を現すこともある。♪「ケッ」と1声ずつ鳴き、警戒時には連続して鳴く。

アカゲラ♀
雌雄ほぼ同色だが、雄の後頭部は赤く、雌では赤くない。

オオアカゲラ［大赤啄木鳥］
Dendrocopos leucotos

キツツキ科／全長28㎝
1 2 3 4 5 6 7 8 9 10 11 12

留鳥。奄美大島以北の平地から山地の林に生息する。アカゲラほど多くはないが、ほかのキツツキの仲間よりも繁殖時期が早く、雪どけの山地では見やすい。♪「ケッ」と1声ずつ区切って鳴き、ときには連続して鳴く。

頭頂が赤い

脇腹に黒い縦斑

腹から下尾筒は淡い紅色

♂

オオアカゲラ♀
雌雄ほぼ同色だが、雄の頭頂部は赤く、雌では赤くない。

コゲラ［小啄木鳥］
Dendrocopos kizuki

キツツキ科／全長15cm

1 2 3 4 5 6 7 8 9 10 11 12

留鳥。ほぼ全国の平地から山地の林、市街地の街路樹などにも見られる。一定の区域内を木から木へ移動し、鳴きながら行動する。♪普段は「ギィー」と鳴き、繁殖期には「キッキキキ」と鳴く。

ドラミング
キツツキ類は木の幹を嘴で叩いて、「ドロロ…」などという音を出すドラミングという行動でなわばりを主張する。

赤い羽がある

♂

コゲラ♀
雌雄ほぼ同色で、雄の眼の後方には赤い羽があるが、見えることは少ない。雌には赤い羽はない。

頭頂が赤い

コアカゲラ［小赤啄木鳥］
Dendrocopos minor

キツツキ科／全長16cm

1 2 3 4 5 6 7 8 9 10 11 12

留鳥。北海道の平地から山地のおもにミズナラの林に生息し、冬期には草原の灌木などにも入る。ほかのキツツキの仲間に比べ、より細い木々やツル性植物などにとまる。♪「キョッキョッ」と連続して鳴くが、あまり鳴かない。

♂

コアカゲラ♀
雌雄ほぼ同色だが、雄の頭頂部は赤く、雌では赤くない。

キツツキの仲間

頭頂が赤い

アオゲラ［緑啄木鳥］
Picus awokera

キツツキ科／全長29cm

| 1 | 2 | 3 | 4 | 5 | 6 | 7 | 8 | 9 | 10 | 11 | 12 |

留鳥。本州から屋久島の平地から山地の林に生息し、市街地の公園などでも見られる。♪「ピョーピョーピョー」と、3音か2音で特徴のある鳴き方をする。

アオゲラ♀
雄の頭頂は赤く、雌では後頭だけが赤い。

腹部は黒い横斑模様

♂

腹部は全体に灰白色

前頭が赤い

ヤマゲラ［山啄木鳥］
Picus canus

キツツキ科／全長30cm

| 1 | 2 | 3 | 4 | 5 | 6 | 7 | 8 | 9 | 10 | 11 | 12 |

留鳥。北海道の平地から山地の林に生息し、冬期には市街地近郊にも現れる。♪アオゲラに少し似て「ピョーピョピョピョ」と鳴くが、アオゲラほど鳴かない。

ヤマゲラ♀
雄は前頭だけが赤く、雌では赤い部分がない。

♂

クマゲラ[熊啄木鳥]
Dryocopus martius

キツツキ科／全長46㎝

1 2 3 4 5 6 7 8 9 10 11 12

留鳥。北海道と東北北部の一部の平地から山地の林で、特に原生林やそれに近い林に生息する。生木や枯れ木についた楕円形の掘り痕が生息の印となる。♪繁殖期に「キョーォ」と鳴き、飛びたつときに「コロコロコロ…」と鳴く。

頭頂が赤い

全体に黒く褐色部がある個体もいる

♂

クマゲラ♀
雄の頭頂は赤く、雌では後頭だけが赤い。

アリスイ[蟻吸]
Jynx torquilla

キツツキ科／全長18㎝／雌雄同色

1 2 3 4 5 6 7 8 9 10 11 12

漂鳥。北海道と青森県で繁殖し、それよりも南で越冬する。越冬期は平地から山地の林、草地、農耕地、川原などで、朽ち木などからアリを捕らえて食べる。♪繁殖期に「キィキィキィ…」と鳴き、巣穴から「シューゥ」という声を出す。

喉から胸にかけて黄色みがある

頭頂から背にかけて黒い線

キジの仲間

キジ[雉]
Phasianus colchicus robustipes

キジ科／全長♂81cm ♀58cm
1 2 3 4 5 6 7 8 9 10 11 12

繁殖期の顔は
赤い肉垂がある ♂

留鳥。本州から九州までの平地から山地の林、草原、農耕地など。越冬期は雌雄別々の群れをつくって生活し、春先に一夫多妻で繁殖に入る。
♪繁殖期に雄は「ケッケケン」と鳴きながら翼を激しく羽ばたかせて「ドドドドド」と音を出す。

尾羽は長い

♀

尾羽の先は白くない

非繁殖期のキジの雄の顔
眼の上と頬部にある肉垂とよばれる赤い皮膚は、繁殖期には大きく広がる。

繁殖期のキジの雌雄。雄は羽をはばたかせて縄張り宣言し、雌にディスプレイを行う。

コウライキジ [高麗雉]
Phasianus colchicus karpowi

キジ科／全長♂85cm ♀50cm
1 2 3 4 5 6 7 8 9 10 11 12

留鳥。キジの亜種で、在来種のキジがいない北海道、伊豆諸島の一部、南西諸島などに放鳥されたもの。また本州や九州にも局地的に生息している。♪「ケッケケン」とキジと同じ声で鳴く。

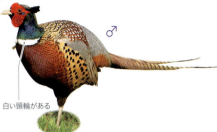

白い頸輪がある

ヤマドリ [山鳥]
Syrmaticus soemmerringii

キジ科／全長♂125cm ♀55cm
1 2 3 4 5 6 7 8 9 10 11 12

尾羽は非常に長い

ヤマドリの雄の顔
キジと同じように、顔の赤い部分は、繁殖期には広く大きくなり、非繁殖期には小さくなる。

尾羽の先は白い

留鳥。本州から九州までの山地の林、草地、沢など。早朝に山の上から下りてきて、徐々に元の山頂に向かって登って行く。繁殖は一夫多妻のものもいる。♪繁殖期に雄は翼を羽ばたかせ「ドドドドド」などと音を出す。

キジの仲間

コジュケイ [小寿鶏]
Bambusicola thoracica

キジ科／全長27cm

| 1 | 2 | 3 | 4 | 5 | 6 | 7 | 8 | 9 | 10 | 11 | 12 |

留鳥。1919年に神奈川県に放鳥されたものが、本州から屋久島まで分布を広げた外来種。「ちょっと来い」と聞こえる声は有名だ。♪普段は「ピィー」と鳴き「ピッ ピックルー」とさえずる。

♂

蹴爪がある

コジュケイの雄の蹴爪
足の「蹠」とよばれる場所には、雄にだけ蹴爪とよばれる突起物がある。

蹴爪はない

♀

ウズラ [鶉]
Coturnix japonica

キジ科／全長20cm／雌雄ほぼ同色
1 2 3 4 5 6 7 8 9 10 11 12

漂鳥。中部地方以北の平地から山地の草原や農耕地などに生息し、繁殖する。冬期は本州以南の河原や草原ですごすが、その姿を見ることはむずかしい。♪繁殖期に雄は「ジュビチャー」などと聞こえる声で鳴く。

胸から腹に白い縦斑がある

南西諸島のミフウズラ

名前にはウズラ（キジ科）という名前がついてはいるが、チドリ目のミフウズラ科で、姿形が似ていることから名づけられた。ふつうの鳥とは違い、雌は卵を産むと別の雄の所に行き、そこで再び卵を産む。育雛すべてを雄が行う一妻多夫。

ミフウズラの雄と雌

雄（左）は体上面が淡黄褐色で、雌（右）のような頭の灰色みはない。

高山の鳥

ライチョウ [雷鳥]
Lagopus muta
キジ科／全長36cm
| 1 | 2 | 3 | 4 | 5 | 6 | 7 | 8 | 9 | 10 | 11 | 12 |

留鳥。北アルプス、南アルプス、新潟県焼山と火打岳のハイマツ林に生息し、厳寒期には多少高度を下げた場所に移動する。夏冬で羽衣が変わる保護色。♪普段は「グゥー」と鳴き、繁殖期には「ゴォオォ ガー」などと鳴く。

肉冠がある
上面は黒っぽい
♂夏羽

ホシガラス [星鴉・星烏]
Nucifraga caryocatactes
カラス科／全長35cm／雌雄同色
| 1 | 2 | 3 | 4 | 5 | 6 | 7 | 8 | 9 | 10 | 11 | 12 |

全体に白斑がある

留鳥、漂鳥。中部地方以北と四国の高山帯のガレ地や岩のある草原などに生息し、厳寒期は低山帯の崖や岩のある草地を好んで生活する。人を恐れない。♪「ガーガー」「ミャー」などと鳴く。

イワヒバリ［岩鷚・岩雲雀］
Prunella collaris

イワヒバリ科／全長18cm／雌雄同色
1 2 3 4 5 6 7 8 9 10 11 12

喉に白黒の斑模様

留鳥、漂鳥。中部地方以北の高山帯のガレ地や岩のある草原などに生息し、厳寒期は低山帯の崖や岩のある草地を好んで生活する。人を恐れない。♪普段は「ビョル」と鳴き、繁殖期には「チュチュル チュルチュル ビュルル」などと鳴く。

カヤクグリ［茅潜・萱潜］
Prunella rubida

イワヒバリ科／全長14cm／雌雄同色
1 2 3 4 5 6 7 8 9 10 11 12

胸から腹部は灰黒色

漂鳥。本州、四国の亜高山帯と北海道の高山に生息し、冬場は平地から山地の崖地や沢沿い、林の縁などで越冬する。「チリリ…」という声で存在がわかる。♪普段は「チリリリリ」と鳴き、繁殖期には「チリリリ チュィチュィ ピチュリリリ」などと鳴く。

ハトの仲間

キジバト［雉鳩］
Streptopelia orientalis

ハト科／全長33㎝／雌雄同色
| 1 | 2 | 3 | 4 | 5 | 6 | 7 | 8 | 9 | 10 | 11 | 12 |

留鳥。全国の平地の市街地から山地の林まで生息する。暖地では「ピジョンミルク」を雛に与えるので、一年を通して繁殖を行う。♪「デデーポーポォ」などと鳴く。

青灰色と紺色の縞模様

ドバト［土鳩］
Columba livia

ハト科／全長35㎝／雌雄同色
| 1 | 2 | 3 | 4 | 5 | 6 | 7 | 8 | 9 | 10 | 11 | 12 |

ヨーロッパで愛玩用や食用にカワラバトから作られた人工品種。そのうち、レース用のものが逃げ出したりして、自然繁殖して増えたものだ。♪普段は「ウー」「クルル」「グルポー」などと鳴く。

原種に近い羽衣（う）

シラコバト［白子鳩］
Streptopelia decaocto

ハト科／全長33㎝／雌雄同色
| 1 | 2 | 3 | 4 | 5 | 6 | 7 | 8 | 9 | 10 | 11 | 12 |

留鳥。おもに埼玉県と千葉県の平地の農耕地や屋敷林、河原などに、局地的に生息する。ほぼつがいで生活するが、冬期には小群をつくって行動する。♪「ポポポー ポポ ポー」と鳴く。

黒い帯がある

アオバト［緑鳩］
Treron sieboldii

ハト科／全長33cm

| 1 | 2 | 3 | 4 | 5 | 6 | 7 | 8 | 9 | 10 | 11 | 12 |

留鳥、漂鳥。九州以北の山地に生息する。5〜10月頃までは、塩分を取るために、海水や塩分を含んだ温泉水などを飲む。冬期に飲むことはないようだ。♪「アー、アオーアーアオー」などと鳴く。

赤紫色の部分は広い

黄色みがある

♂

下尾筒の軸斑は小さい

赤紫色みが少ない

♀

ズアカアオバト［頭赤緑鳩］
Treron formosae

アオバトに比べ赤紫色の部分が小さい

下尾筒の軸斑は太い

♂

黄色みがない

ハト科／全長35cm／雌雄同色

| 1 | 2 | 3 | 4 | 5 | 6 | 7 | 8 | 9 | 10 | 11 | 12 |

留鳥。南西諸島の平地から山地の林に生息する。塩分を含んだ水は飲まない。夕方には電線や枯れ木などに群れでとまることがある。♪尺八の音によく似た声で「ポアーオ、ポアーオ、ポアー」などと鳴く。

カッコウの仲間

カッコウ [郭公]
Cuculus canorus

カッコウ科／全長35cm／雌雄ほぼ同色
1 2 3 4 5 6 7 8 9 10 11 12

夏鳥。全国で記録されるが、ほぼ九州以北の平地から山地の林や草原など。ヨシキリの仲間などのいろいろな小鳥に托卵する。♪飛びながらや高所にとまって「カッコウ、カッコウ」と鳴く。

黒い横斑は13本くらい

ホトトギス [杜鵑]
Cuculus poliocephalus

カッコウ科／全長28cm／雌雄ほぼ同色
1 2 3 4 5 6 7 8 9 10 11 12

雌には赤色型がいる

黒い横斑は7〜9本

夏鳥。全国の平地から山地の林に渡来する。托卵性で、托卵する相手はウグイスがほとんどである。♪昼夜に関係なく「キョッ、キョッ、キョキョキョキョ」と鳴き、特許許可局と聞きなされる。

カッコウの仲間の見分け方
姿形のよく似たこの仲間は、鳴き声で識別しよう。

ジュウイチ [十一・慈悲心鳥]
Hierococcyx hyperythrus

カッコウ科／全長32㎝／雌雄同色
1 2 3 4 5 6 7 8 9 10 11 12

夏鳥。おもに九州以北の山地の林に渡来する。ツミの雄に似ている。托卵相手は青い鳥のオオルリやコルリ、ルリビタキだ。♪昼夜に関係なく「ジュウイチ、ジュウイチ」と鳴く。

白い部分がある

脇腹に淡いオレンジ色み

黒い横斑は9〜11本

♂

喉から胸に横斑がある

赤色型 ♀

ツツドリ [筒鳥]
Cuculus optatus

カッコウ科／全長33㎝
1 2 3 4 5 6 7 8 9 10 11 12

夏鳥。ほぼ全国、おもに九州以北の山地の林に渡来する。托卵相手はムシクイの仲間で、センダイムシクイが多い。♪日中、高所にとまって「ポポッ、ポポッ」と連続して鳴く。夜は鳴かない。

カラスの仲間

ハシブトガラス［嘴太鴉・嘴太烏］
Corvus macrorhynchos

カラス科／全長57cm／雌雄同色

| 1 | 2 | 3 | 4 | 5 | 6 | 7 | 8 | 9 | 10 | 11 | 12 |

留鳥。全国の海岸から山地のいたる所に生息し、繁殖期以外は群れで、よくゴミなどをあさる。♪普段は「カアカア」「カポッカポッ」などと鳴く。

嘴の違い

ハシブトガラス

額が出っぱり、上嘴が著しく湾曲している。

ハシボソガラス

額から嘴にかけてなだらかに見える。

ハシボソガラス［嘴細鴉・嘴細烏］
Corvus corone

カラス科／全長50cm／雌雄同色

| 1 | 2 | 3 | 4 | 5 | 6 | 7 | 8 | 9 | 10 | 11 | 12 |

留鳥。九州以北の平地から山地の林や農耕地、河原などに生息。特に市街地からはずれた郊外に多く、山間部にはあまり入らない。♪普段は「ガーァ、ガーァ」としわがれた声で鳴く。

ミヤマガラス［深山鴉・深山烏］
Corvus frugilegus

カラス科／全長47cm／雌雄同色
<u>1 2 3 4 5</u> 6 7 8 9 <u>10 11 12</u>

冬鳥。九州以北の平野部から山間部の農耕地に群れで渡来する。ときどき群れが空高く舞い上がって、渦を巻くようにしてから移動することを繰り返す。🔊普段は「ガーア」としわがれた声で鳴く。

成鳥では嘴基部が白っぽい。若鳥では白っぽくない

鳴き方の違い

ハシブトガラス

嘴を45度くらい上方に突き出して「カーカー」「アーアー」などと、わりと澄んだ声で鳴く。

ハシボソガラス

お辞儀をするように頭を上下にして「ガーガー」「ガァアガァア」などと濁った声で鳴く。

ミヤマガラス

前頭の羽を逆立て尾羽を開き、嘴を突き出して「ガー」「ガララ」などと鳴く。

カラスの仲間

コクマルガラス [黒丸鴉]
Corvus dauuricus

カラス科／全長33cm／雌雄同色
1 2 3 4 5 6 7 8 9 10 11 12

冬鳥。九州以北の平野部から山間部の農耕地などに渡来。多くはミヤマガラスの群れの中に入るが、本種だけの小さな群れも見られる。黒色型と白色型がいる。♪普通は「キュ」「キョン」と鳴く。

全体に光沢がある黒色

嘴は小さめ

黒色型

白色型

カササギ [鵲]
Pica pica

カラス科／全長45cm／雌雄同色
1 2 3 4 5 6 7 8 9 10 11 12

留鳥。北海道の一部と、九州の福岡・佐賀・熊本県に生息し、電柱や木の高所などに枯れ木を積み上げて巣をつくる。巣は、横に穴が開いた形になっている。♪普段は「カシャ、カシャ」「キューキュー」などと鳴く。鳴き声から「勝ちガラス」と呼ばれる。

大きな白斑

カケス [橿鳥・樫鳥・懸巣]
Garrulus glandarius

カラス科／全長38cm／雌雄同色
1 2 3 4 5 6 7 8 9 10 11 12

留鳥、漂鳥。九州以北の平地から山地の林に生息。年によって秋から冬に、多くの個体が移動することがある。警戒心が強いためにじっくり観察しづらい。♪普段は「ジェー」と鳴くが、ほかの鳥の鳴きまねをよくする。

頭頂は白く黒い縦斑がある

黒、青、白色の模様

亜種ミヤマカケスの頭部
頭頂は茶色で、黒い縦斑がある。顎線は黒いが、眼のまわりは黒くない。北海道だけに生息する。

オナガ [尾長]
Cyanopica cyanus

カラス科／全長37cm／雌雄同色
1 2 3 4 5 6 7 8 9 10 11 12

留鳥。ほぼ関東地方から本州北部までの、平地から山地の林や市街地の公園などに生息する。一年中群れで行動し、「ゲー」などとしわがれた声を出しながら移動する。♪普段は「ギィーイ」「ゲー」「ゲッ」「キュキュキュ…」などと、いろいろな声で鳴く。

頭部は黒いベレー帽をかぶったよう

尾羽の先は白い

フクロウの仲間

羽角はない
虹彩は黄色

アオバズク［青葉木菟］
Ninox scutulata

フクロウ科／全長29cm／雌雄同色
1 2 3 4 **5 6 7 8 9 10** 11 12

夏鳥、留鳥。ほぼ全国の平地から山地の林、市街地の神社仏閣、公園の林などに生息。南西諸島のものは留鳥として生息する。♪夕暮れに「ホッホォ、ホッホォ……」と2音ずつ連続で鳴く。

アオバズクの腹面
白っぽい腹部には黒褐色の縦斑が密にあり、線になって見える。

羽角はない

虹彩は黒色

フクロウ［梟］
Strix uralensis

フクロウ科／全長50cm／雌雄同色
1 2 3 4 5 6 7 8 9 10 11 12

留鳥。九州以北の平野から山地の林、農耕地、草原、神社仏閣の林などに生息。夕暮れから行動し、おもにネズミ類を捕る。狩りは眼で見るのではなく、獲物の音を聞いて捕まえる。♪「ゴォホウ、ゴロッケ、ゴォホウ」と鳴き、「ぼろ着て奉公」と聞きなす。

コミミズク [小耳木菟]
Asio flammeus

フクロウ科／全長38cm／雌雄同色

<u>1</u> <u>2</u> <u>3</u> <u>4</u> 5 6 7 8 9 <u>10</u> <u>11</u> <u>12</u>

冬鳥。ほぼ全国の平地から山地の農耕地、草原、河原など。ほかのフクロウの仲間と違い、日中でも行動することがあるが、午後2時すぎからのことが多い。♪「ギャーア」という声を、飛びながら出すことがある。

・羽角は小さい
・虹彩は黄色

飛んでいるコミミズク。翼を上下にゆっくりと動かして直線的に飛び、ときおりホバリングもする。

・羽角は大きい
・虹彩は橙色

トラフズク [虎斑木菟]
Asio otus

フクロウ科／全長36cm／雌雄同色

<u>1</u> <u>2</u> <u>3</u> <u>4</u> <u>5</u> <u>6</u> <u>7</u> <u>8</u> <u>9</u> <u>10</u> <u>11</u> <u>12</u>

留鳥、漂鳥。ほぼ全国の平地から山地の林、河原、農耕地などで見られるが、わりあい局地的。コミミズクのように日中に行動することはなく、夕暮れから行動する。羽衣には個体変異が多い。♪繁殖期に「ポーォ」などと鳴く。

フクロウの仲間

コノハズク ［木葉木菟］
Otus sunia

フクロウ科／全長20cm／雌雄同色
1 2 3 4 **5 6 7 8 9 10** 11 12

羽角は大きいが夜間は伏せている

虹彩は黄色

夏鳥。九州以北の山地から亜高山帯。東北地方北部から北では平地にも生息する。夜間に飛びまわる昆虫を捕る。♪繁殖期に「ブッ、キョ、コー」と3音で鳴き、「仏法僧」と聞きなされる。

赤色型のコノハズク
多くの個体は羽衣が灰褐色だが、ときどき茶色っぽい色をした個体がいる。

リュウキュウコノハズク ［琉球木葉木菟］
Otus elegans

フクロウ科／全長22cm／雌雄同色
1 2 3 4 5 6 7 8 9 10 11 12

留鳥。南西諸島の平地から山地の林に生息。夕暮れから活動を始め、道路際などのわりあい明るい場所に出てきて、昆虫などを捕る。♪「コホッ コホッ」「キュッ」などと鳴く。

フクロウ・ヨタカの仲間

オオコノハズク [大木葉木菟]
Otus lempiji

フクロウ／全長24cm／雌雄同色
1 2 3 4 5 6 7 8 9 10 11 12

留鳥、漂鳥。ほぼ全国の平地から山地の林に生息し、夜間にネズミ類などの小動物を捕らえる。越冬期にはときどき市街地で休息しているものが観察される。♪「ボッボッ」や「ボーウ、ボーウ」または「ミャー」と鳴く。

夜間は羽角を伏せている

虹彩は橙色

羽角を立てている
オオコノハズク
日中は羽角を立てて木に擬態しているといわれ、夜間は伏せている。

ヨタカ [夜鷹]
Caprimulgus indicus

ヨタカ科／全長29cm／雌雄ほぼ同色
1 2 3 4 5 6 7 8 9 10 11 12

夏鳥。九州以北の山地から亜高山帯の開けた場所のある林などに生息。夕暮れに、電灯などのある明るい場所を口を開いて飛びまわる。♪「キョキョキョ…」と連続して鳴く。

白い

白い（雌では淡褐色）

白い（雌では淡褐色）

♂

タカの仲間

トビ［鳶］
Milvus migrans

タカ科／全長60㎝／雄雌同色
| 1 | 2 | 3 | 4 | 5 | 6 | 7 | 8 | 9 | 10 | 11 | 12 |

留鳥。九州以北の平地から山地のいろいろな場所に生息する。南西諸島ではまれ。群れになり、上空を輪を描くように飛ぶ。♪「ピィーヒョロロロ」などとよく鳴く。

若い個体は白っぽい縦斑がある

尾羽は凹尾

虹彩は暗色
（幼鳥は淡黄色）

ノスリ［鵟］
Buteo buteo

タカ科／全長55㎝／雄雌ほぼ同色
| 1 | 2 | 3 | 4 | 5 | 6 | 7 | 8 | 9 | 10 | 11 | 12 |

留鳥、冬鳥。ほぼ全国の平地から山地の林、農耕地などで見られるが、特に中部地方以北に多い。朝夕に開けた場所に出てきて、おもにネズミを捕らえる。♪繁殖期に「ピーエー」などと鳴く。

チュウヒ [沢鵟]
Circus spilonotus

タカ科／全長52㎝／雄雌同色
1 2 3 4 5 6 7 8 9 10 11 12

冬鳥、漂鳥。北海道と東北地方北部で夏に繁殖し、ほかの地域では冬鳥。おもに平地のアシ原で見られ、上空を羽ばたきと滑空をまじえながら、翼をV字型にして飛ぶ。♪越冬中に鳴くことはないが、繁殖期には「ピュイー」と鳴く。

虹彩は黄色

ハイイロチュウヒ [灰色沢鵟]
Circus cyaneus

タカ科／全長48㎝
1 2 3 4 5 6 7 8 9 10 11 12

冬鳥。ほぼ全国の平地から山地の草原、農耕地、河原、アシ原など。細い水路の上や畦などに沿って、低空を羽ばたきと滑空をまじえ、翼を深いV字型にして飛ぶ。♪越冬中に鳴くことはほとんどない。

頭部は青灰色
♂

白い

雌の飛翔
雌と若い雄はチュウヒに似ているが、腰の部分が長方形に白いことで識別できる。

タカの仲間

- 青灰色
- 喉に黒い線

サシバ [鵟鳩・差羽]
Butastur indicus

タカ科／全長49cm
1 2 3 **4 5 6 7 8 9 10** 11 12

- 白っぽい眉斑
- 青灰色みはない

♂ ♀

夏鳥。本州から九州の平地から山地の林、農耕地など。南西諸島では冬鳥。林の縁に突き出た木にとまり、両生類や爬虫類、昆虫類などを探して捕らえる。♪「ピックイー」と聞き、この声を「キス、ミィー」と聞きなしている。

- 頭部は白い
- 雄の胸は褐色部が少ない

ミサゴ [鶚]
Pandion haliaetus

ミサゴ科／全長57cm／雌雄同色
1 2 3 4 5 6 7 8 9 10 11 12

留鳥、漂鳥。ほぼ全国の平地から山地の河川、湖沼、海岸など魚のいる環境に生息し、南西諸島では少ない。水面上空をホバリングする姿を見ることが多い。♪わりとゆっくりとしたテンポで「ピョピョピョ……」と鳴く。

♀

ハチクマ［八角鷹］
Pernis ptilorhynchus

タカ科／全長55cm／雄雌ほぼ同色

1 2 3 4 5 6 7 8 9 10 11 12

虹彩は黄色
顔に青灰色みがない
♀

虹彩は赤い
顔は青灰色
♂

夏鳥。九州以北の山地の林に生息。渡来は遅く、渡去は早い。渡来後は昆虫やカエルなどを食べるが、7月中旬頃からはハチ類の巣を襲って幼虫などを食べる。雌雄に関係なく、羽衣(うい)には個体変異が多い。♪あまり鳴くことはないが、繁殖期に「ピーユー」などと鳴く。

養蜂場の箱からはみ出したミツバチの巣の蜜や幼虫を食べに来た。

タカの仲間

嘴は黄色

尾羽は白い

オジロワシ［尾白鷲］
Haliaeetus albicilla

タカ科／全長89cm／雄雌同色
1 2 3 4 5 6 7 8 9 10 11 12

冬鳥、留鳥。北海道には留鳥個体もいるが、ほかの地域では冬鳥。平地の河川、湖沼、河口部、海岸などで、おもに魚類を食べ、ときには鳥類を襲うこともある。♪飛翔中や威嚇のときなどに「カッカッ…」などと早いテンポで鳴くことが多い。

額は白い

嘴は大きく橙黄色

オオワシ［羌鷲・大鷲］
Haliaeetus pelagicus

タカ科／全長95cm／雄雌同色
1 2 3 4 5 6 7 8 9 10 11 12

冬鳥。おもに北海道の海岸線に渡来するが、ほかの地域では少ない。スケトウダラが道東にやって来ると個体数も増え、流氷の上や海岸の大木の枝で休息する。♪飛翔中や威嚇のときなどに太い声で「クヮックヮッ…」などと鳴くことが多い。

大きな白斑に見える

すねは白い

尾羽は白い

オジロワシは、営巣に入る頃にはつがいが営巣地近くの木などに並んでとまっていることが多い。

タカの仲間

オオタカ [蒼鷹]
Accipiter gentilis

タカ科／全長♂50㎝ ♀56㎝／雄雌ほぼ同色
| 1 | 2 | 3 | 4 | 5 | 6 | 7 | 8 | 9 | 10 | 11 | 12 |

留鳥、漂鳥。九州以北の平地から山地の林に生息。非繁殖期は、食べ物となる鳥や獣などがいる場所の近くでじっとしていて、ときおり飛びたって獲物を襲う。♪威嚇や警戒時には「ケッケッケッ…」「キョッ、キョッ、キョッ」などと鳴く。

白い眉斑
虹彩は黄色
上面は濃紺色

クマタカ [角鷹]
Nisaetus nipalensis

タカ科／全長♂72㎝ ♀80㎝／雄雌同色
| 1 | 2 | 3 | 4 | 5 | 6 | 7 | 8 | 9 | 10 | 11 | 12 |

留鳥。九州以北の山地の林に生息。休息場にしている林内から食べ物を捕る場所に出るが、移動は昼頃に行うことが多い。飛翔している時間は多くなく、樹上などにとまってじっとしていることの方がはるかに多い。♪繁殖期に「ピーイ」や「ピーヨ、ピーヨ」などと鳴く。

顔の部分は黒い

ツミ[雀鷹・雀鷂]
Accipiter gularis

タカ科／全長♂27㎝ ♀30㎝
1 2 3 4 5 6 7 8 9 10 11 12

留鳥、夏鳥。ほぼ全国の平地から山地の林やその周辺で記録され、本州以北で繁殖する。♪繁殖期には、特に雌が「ピョウピョピョ…」と尻下がりの、非常に特徴的な声で鳴く。

アイリングは黄色く、虹彩は赤い
眉斑はほぼない
橙色
虹彩は黄色
♂
♀

ハイタカ[鷂・灰鷹]
Accipiter nisus

タカ科／全長♂32㎝ ♀39㎝
1 2 3 4 5 6 7 8 9 10 11 12

留鳥、漂鳥、冬鳥。全国の平地から山地の林、河原、アシ原など。あまり移動しない個体や、寒冷地から暖地へ移動するもの、大陸から渡来するものなどがいる。♪巣の近くなどで主に警戒時に「キッ、キッ、…」などと鳴くが、ほかの場所で鳴くことは少ない。

♂
虹彩は個体によって黄色から橙色
脇腹は橙色
腹部に淡橙色の横斑
虹彩は黄色
白い眉斑
♀
橙褐色の横斑

飛んでいるタカの見分け方

タカ類は静止している姿よりも、飛翔しているものの下面を見る機会が多い。そのときにどこを見ればよいかというと、まずは尾羽の形、次に翼の形と模様、先端部分の指のように見える部分の形、そして腹部の色模様である。むずかしいことも確かだが、これらを総合して種類や雌雄、年齢などがある程度わかる。

トビ(成鳥)

トビ(若鳥)

ミサゴ♂

チュウヒ♂

チュウヒ♀

ハイイロチュウヒ♀

サシバ♂

サシバ♀

ハチクマ♂

ハチクマ(幼鳥)

クマタカ成鳥

クマタカ(幼鳥)

オジロワシ

オオワシ(成鳥)

オオワシ(幼鳥)

ノスリ

オオタカ♀

オオタカ(幼鳥)

ハイタカ♀

ツミ♀

111

ハヤブサの仲間

ハヤブサ[隼]
Falco peregrinus

ハヤブサ科／全長♂42㎝ ♀49㎝／雄雌ほぼ同色
1 2 3 4 5 6 7 8 9 10 11 12

留鳥、漂鳥。全国の海岸から山地の河川、海岸、湖沼などで見られる。南西諸島では冬だけ。羽ばたき飛行と滑翔をまじえながら直線的に飛び、急降下したりする。♪越冬中に鳴くことは少ないが、繁殖期には「キイキイキイキイ」などと鳴く。

飛んでいるハヤブサ
胴体は太めに見え、翼の先がとがりぎみに見える。

脇腹は横斑で腹中央部は点状の斑

チゴハヤブサ[稚児隼]
Falco subbuteo

ハヤブサ科／全長33㎝／雄雌ほぼ同色
1 2 3 4 5 6 7 8 9 10 11 12

夏鳥。中部地方以北の平地の市街地や農耕地、草原などで見られ、近くに疎林などがある場所を好む。あまり高くない所を、羽ばたき飛行と滑翔をまじえながら直線的に飛ぶ。♪繁殖期に甲高い声で「キィキィ…」などと鳴く。

体上面は青みのある黒褐色

体下面には黒い縦斑がある

下腹部からすねはレンガ色

尾羽は翼から出ない

飛んでいるチゴハヤブサ
胴体は細めで、翼は鋭角に見え、下腹部の橙色は目立つ。

頭部は青灰色

体上面は茶褐色

♂

尾羽は翼より長く出る

チョウゲンボウ［長元坊］
Falco tinnunculus

ハヤブサ科／全長35cm
1 2 3 4 5 6 7 8 9 10 11 12

留鳥、漂鳥、冬鳥。ほぼ全国で見られ、市街地や平地から山地の草原などに生息。羽ばたき飛行と滑翔をまじえながら飛び、ときどきホバリング(停空飛翔)をしている。♪「キッキッ……」「キィイ キィイ…」などと鳴く。

チョウゲンボウ♀の背面
頭部からの上面は淡い茶褐色。

ひげ状の斑紋は目立たない

体上面は青灰色

♂

コチョウゲンボウ［小長元坊］
Falco columbarius

ハヤブサ科／全長29cm
1 2 3 4 5 6 7 8 9 10 11 12

冬鳥。九州以北の平地の農耕地、草原、牧場などで見られ、比較的広い場所を好む。低空を羽ばたき飛行と滑翔をまじえながら飛び、土塊や電線などにとまる。♪越冬中はほとんど鳴かない。

体上面は青みのある黒褐色

尾羽は翼から少し出る

♀

カイツブリの仲間

カイツブリ [鳰]
Tachybaptus ruficollis

カイツブリ科／全長26cm／雌雄同色
| 1 | 2 | 3 | 4 | 5 | 6 | 7 | 8 | 9 | 10 | 11 | 12 |

留鳥、漂鳥。ほぼ全国の平地から山地の池、湖沼、河川、港などに見られ、寒冷地のものは厳寒期に暖地へ移動する。よく潜水して小魚を捕る。♪普段は「キュリ」と鳴き、繁殖期には「キュリリリリ…」とけたたましく鳴く。

嘴の基部に黄白色の斑紋

夏羽

嘴は黄色っぽさがある

全体に成鳥より淡色

若鳥

冬羽のカイツブリ
夏羽に比べて全体に淡色で、嘴に白っぽい部分がある。

浮き巣を作るカイツブリ

カイツブリの仲間は水に浮いたように見える巣を作る。巣は実際には浮いているわけではなく、アシなどの水草に枯れ草などを絡めたり、何かの上に枯れ草などを置いて巣にしている。

浮き巣にいるカイツブリの親子

ハジロカイツブリ [羽白鳰]
Podiceps nigricollis

カイツブリ科／全長30cm／雌雄同色
1 2 3 4 5 6 7 8 9 10 11 12

頭部の黒色は眼の下にもぼやけて延びる

冬羽

虹彩は赤い

頸から胸にかけて黒い

嘴が上に反って見える　夏羽

冬鳥。ほぼ全国の港や湾、平地の湖沼などで記録されるが、東日本に多い。単独でいることよりも、つがいか群れで行動していることの方が多い。♪越冬中に鳴き声を聞くことは少ないが、ごくまれに「ピッ」という声を出す。

ミミカイツブリ [耳鳰]
Podiceps auritus

冬鳥。ほぼ全国の港や湾、河口などで記録されるが、東日本に多い。淡水域に入ることはあまりなく、海水域をほぼ単独で行動することが多い。♪あまり鳴くことはないが「ピィ」という声を出すことがある。

カイツブリ科／全長33cm／雌雄同色
1 2 3 4 5 6 7 8 9 10 11 12

頭部の黒色と頬の白色の境ははっきりとして直線的

嘴は黒く先端が白い

虹彩と目先は赤い　前頸はレンガ色

夏羽

冬羽

カイツブリの仲間

カンムリカイツブリ[冠鳰]
Podiceps cristatus

カイツブリ科／全長56㎝／雌雄同色
1 2 3 4 5 6 7 8 9 10 11 12

漂鳥、冬鳥。全国の港や湾、湖沼、河川などに生息。繁殖は、本州の湖沼などで局地的に行い、近年は増加している。群れで越冬し、数は多く、ときに数百羽にもなる。♪繁殖期に、雌雄が頸を左右に振りながら「カッ、カッ、…」と鳴き合う。

- 夏羽より短い冠羽
- 嘴はピンク色

冬羽

- 頭は黒く冠羽がある
- 嘴は黒くピンク色みがある
- 顔の後方に赤褐色と黒の飾り羽がある

夏羽

巣立ち後の一週間くらいは雛を背中に乗せて移動する。

アカエリカイツブリ[赤襟鳰]
Podiceps grisegena

カイツブリ科／全長45cm／雌雄同色
1 2 3 4 5 6 7 8 9 10 11 12

漂鳥、冬鳥。ほぼ全国の港や湾、河口などで記録されるが、東日本に多い。北海道の湖沼で繁殖する。越冬期は海水域での生活が多く、淡水域にはあまり入らない。カンムリカイツブリとは違い、群れになることはない。♪普段はあまり鳴かないが、繁殖期には「アーアー」と鳴く。

嘴は黒く下嘴基部に黄色い斑紋

冬羽

嘴は黄色っぽい
短い冠羽状のものがある
頸から胸にかけてレンガ色

夏羽

抱卵している巣を補修するために水草を運んできた。

クイナの仲間

オオバン［大鶴］
Fulica atra

クイナ科／全長39㎝／雌雄同色
1 2 3 4 5 6 7 8 9 10 11 12

留鳥、漂鳥。ほぼ全国の湖沼や河川、港、湾などに生息。近年増加傾向にあり、九州以北の湖沼や池などで見られ、東日本で繁殖する。市街地の公園などにも入る。♪ふつうは「ケッ」または「キュッ」と鳴く。

虹彩は赤い
嘴と額は白い
頬から胸は白い
幼鳥

バン［鷭］
Gallinula chloropus

クイナ科／全長32㎝／雌雄同色
1 2 3 4 5 6 7 8 9 10 11 12

留鳥、漂鳥。ほぼ全国の湖沼や河川、水田など。寒冷地のものは、冬期に暖地へ移動する。尾羽を上下に動かしながら、水際や水田を歩きまわる。♪ふつうは「キュルル」や「クルル」と鳴く。

額から嘴は赤くて先が黄色
脇腹に白い羽
嘴は黄色っぽい
脇腹には白い羽
幼鳥

顔は青灰色

クイナ[秧鶏・水鶏]
Rallus aquaticus

クイナ科／全長29㎝／雌雄同色
1 2 3 4 5 6 7 8 9 10 11 12

嘴は下部が赤く上部が黒い

漂鳥、冬鳥。ほぼ全国の湿地、アシ原、湖沼、河川など。非常に警戒心が強く、ちょっとした物音で草むらなどに逃げ込むが、近年公園などで人慣れしている。♪繁殖期に「コッ、コッ、コッ」や「クウッ、クウッ」など、いろいろな声で鳴く。

下脇腹は白黒の斑紋

南西諸島のクイナの仲間

シロハラクイナ

南西諸島のほか、本州以南でもときどき記録される。クイナよりも少し大きい。

オオクイナ

沖縄本島の一部と、先島諸島に生息する。クイナより少し小さい。

ヒクイナ[緋秧鶏]
Porzana fusca

クイナ科／全長23㎝／雌雄同色
1 2 3 4 5 6 7 8 9 10 11 12

漂鳥、夏鳥。ほぼ全国の湿地、アシ原、湖沼、河川など。非常に警戒心が強く、姿を見ることは少ないが、鳴き声を聞くことがある。♪繁殖期には「キョッキョッキョッ」と連続して鳴く。

顔は暗赤色

喉は白い

前頸から胸は暗赤色

ウの仲間

カワウ [河鵜]
Phalacrocorax carbo

ウ科／全長84㎝／雌雄同色

| 1 | 2 | 3 | 4 | 5 | 6 | 7 | 8 | 9 | 10 | 11 | 12 |

留鳥、漂鳥。ほぼ全国の河川、湖沼、内湾など。寒冷地のものは冬期に暖地に移動し、南西諸島では冬鳥。外海に出ることはほとんどないと思われる。♪集団生息地では「グルルルル」という声をよく出す。

白い部分は眼より上にいかない

体上面は茶褐色で羽縁が黒い

カワウとウミウの嘴の違い
ウミウの口角部分はとがって見えるが、カワウの口角部分はとがらずに、丸みを帯びている。

カワウ

ウミウ

カワウの若鳥。頸からの体下面は白っぽい。ウミウでも同じだ。羽に油がないので、よく翼をかわかす。

白い部分は眼よりも上まである

顔からの体下面は白っぽい

体上面には茶褐色みがある

成鳥は全体に黒地に緑色の光沢がある

若鳥

ウミウ[海鵜]
Phalacrocorax capillatus

ウ科／全長81cm／雌雄同色

1 2 3 4 5 6 7 8 9 10 11 12

留鳥、漂鳥。ほぼ全国の海上に生息し、岩礁などで休息する。南西諸島では少ない。河川や湖沼などの淡水域に入ることは非常にまれである。♪カワウよりも濁った声で、「グルルルル」という声を出す。

ウミウの婚姻色
繁殖前には頭や頸、腿などに白い羽が出る。カワウも同じだ。

頭には紫色の光沢がある

頭や体全体に緑色の光沢がある

ヒメウ[姫鵜]
Phalacrocorax pelagicus

ウ科／全長73cm／雌雄同色

1 2 3 4 5 6 7 8 9 10 11 12

漂鳥、冬鳥。ほぼ全国の海岸や港などで見られるが、関東地方以北に多い。海岸よりも沖合に多く生息する。休息場は海岸の岩礁や岩棚などで、群れをつくる。♪ねぐらなどに集まったときに「グゥウ」などと鳴く。

淡水ガモの仲間

カルガモ [軽鴨]
Anas zonorhyncha

カモ科／全長61cm／雌雄ほぼ同色
1 2 3 4 5 6 7 8 9 10 11 12

留鳥、冬鳥、北海道では夏鳥。全国の湖沼、池、河川など。一年を通してごくふつうに見られるカモ。都会の小さな池などでも繁殖し、話題になる。♪大きな声で「グェッ、グェッ」と鳴く。

嘴は黒く先が黄色い

三列風切に白い部分がある

雌の上・下尾筒の各羽は白っぽい羽縁がある

オシドリ [鴛鴦]
Aix galericulata

カモ科／全長45cm
1 2 3 4 5 6 7 8 9 10 11 12

留鳥、漂鳥。ほぼ全国の湖沼、池、河川、渓流など。おもに中部地方以北で繁殖し、それより南で越冬する。木が覆いかぶさるような水辺で、群れで越冬する。♪雄は小さな声で、「チュピッ」と鳴き、雌は「キュッ」という声を出す。

冠羽がある

イチョウ羽とよばれる大きな羽がある

嘴は赤く先は黄白色

嘴は赤みのある黒

白いアイリングは後方に伸びる

風切の外側の白が目立つ

マガモ[真鴨]
Anas platyrhynchos

頭は黒っぽく緑色や青紫色にも見える ♂
嘴は黄色い
白い頸輪がある
尾羽の上に上向きにカールした羽がある

黒い過眼線は細い
嘴は黒と橙色部分がある ♀

カモ科／全長59cm
1 2 3 4 5 6 7 8 9 10 11 12

冬鳥、留鳥。全国の湖沼、池、河川など。ふつうに見られるが、太平洋側よりも日本海側に大群が入る。中部地方以北では繁殖するものも多く見られるようになった。♪わりと大きな声で「グワーッ」「グェグェ」などと鳴く。

オナガガモ[尾長鴨]
Anas acuta

カモ科／全長♂75cm ♀53cm
1 2 3 4 5 6 7 8 9 10 11 12

冬鳥。全国の湖沼、池、河川、干潟、内湾など。ハクチョウに餌づけをしている場所などに多く生息し、渡来時や渡去時には数万羽が集結する。♪あまり大きくはない声で「ピルピル」などと鳴く。

嘴の両側面は鉛色
眼の後ろから胸にかけて白い部分がある ♂
中央尾羽2枚は長い

嘴は黒みのある鉛色 ♀
尾羽はとがって見える

淡水ガモの仲間

ヨシガモ [葦鴨]
Anas falcata

カモ科／全長48cm

1 2 3 4 5 6 7 8 9 10 11 12

冬鳥、一部夏鳥。ほぼ全国の湖沼、池、河川など。北海道のオホーツク海側の草原では繁殖する。群れで越冬し、本州西部に多いが、局地的である。♪小さな声で「ブルルル」などと鳴く。

長い冠羽がある
胸から腹に細かい小紋模様 ♂

後頭部には短い冠羽がある ♀

オカヨシガモ [丘葦鴨]
Anas strepera

カモ科／全長50cm

1 2 3 4 5 6 7 8 9 10 11 12

嘴は黒い
細かい小紋模様がある
風切の一部に白い羽がある ♂

冬鳥、一部夏鳥。ほぼ全国の湖沼、池、河川、干潟など。北海道のオホーツク海側の草原では繁殖する。冬は小群で生活し、水中で逆立ちして食べ物を採ることが多い。♪鼻にかかった小さな声で「ウゥ」と鳴く。

嘴は黒と橙色で、橙色部分には黒色がよく入る
姿が似ているマガモ♀には次列風切の白い部分はない ♀

ヒドリガモ [緋鳥鴨]
Anas penelope

カモ科／全長49cm

1 2 3 4 5 6 7 8 9 10 11 12

- 額から頭頂はクリーム色
- 嘴は鉛色で先が黒い
- 翼の一部が白い
- 嘴は鉛色で先が黒い
- 頭部は褐色で黒い斑紋が入る

♂

♀

冬鳥。全国の湖沼、池、河川、海岸、内湾など。カモの仲間の多くは、日中は水上や陸地で休息し、夕暮れから活動し始める。地上で草の葉などをよく食べる。♪良く通る声で「ピューピュー」と鳴く。

アメリカヒドリ [アメリカ緋鳥]
Anas americana

カモ科／全長48cm

1 2 3 4 5 6 7 8 9 10 11 12

冬鳥。全国の湖沼、池、河川などで見られるが、ヒドリガモなどの群れの中に1～2羽がまれに入っている程度。雌は特に少なく、国内では数回の記録しかない。♪ヒドリガモと同じような「ピュウ」という声を出す。

- 頭頂は白っぽい
- 眼の後方に緑色光沢がある
- 胸には淡い紫色みがある

♂

- 頭部は白と黒の斑模様

♀

≋ 淡水ガモの仲間

ハシビロガモ [嘴広鴨]
Anas clypeata　カモ科／全長50cm
1 2 3 4 5 6 7 8 9 10 11 12

- 嘴は黒くて幅広い
- 脇腹は茶褐色
- ♂
- 嘴は黒っぽく
  橙黄色部分があり幅広い
- ♀

冬鳥。全国の湖沼、池、河川など。大群になることは少なく、単独から十数羽くらいで行動する。雄の若鳥は、きれいな羽衣になるのに翌春までかかる個体もいる。♪あまり鳴かないが、「クエッ、クエッ」「ガー、ガー」などと鳴く。

コガモ [小鴨]
Anas crecca

カモ科／全長38cm
1 2 3 4 5 6 7 8 9 10 11 12

冬鳥。全国の湖沼、池、河川、干潟など。カモの仲間のなかでいちばん小さい。広々とした場所をきらい、アシ原に囲まれた場所や狭い水域などを好んで休息する。♪よく通る声で「ピリッ、ピリッ」と2音で鳴くのがふつう。

- 眼の後方は緑色
- 黄色いパンツをはいたように見える
- ♂
- 体上面との境に横線に見える白斑がある
- 嘴は黄色みのある黒色
- ぼやけた眉斑がある
- ♀

126

トモエガモ［巴鴨］ カモ科／全長40cm
Anas formosa

1 2 3 4 5 6 7 8 9 10 11 12

冬鳥。本州から九州の湖沼、池、河川など。非常に局地的で、多い場所では数百羽の群れが入るが、そのほかでは1〜2羽が迷行して見られる程度。♪「ブリュ」などと聞こえる声で鳴く。

顔は複雑な巴模様

脇腹に縦線に見える白斑がある

♂

顔に巴模様らしきものがある

嘴は黒い

嘴の基部に白い部分がある

♀

シマアジ［縞味］
Anas querquedula

カモ科／全長38cm

1 2 3 4 5 6 7 8 9 10 11 12

旅鳥。全国の湖沼、池、河川、干潟など。決まった場所に渡来せず、いろいろな場所で記録されるが、それほど多くなく、特に北国には少ない。♪「ケッ」「クッ」などの声を出すことがある。

白い眉斑がある

♂

はっきりした眉斑がある

脇腹が淡い青灰色に見える

♀

淡水ガモの仲間

アヒル［家鴨］
Anas platyrhynchos var. domestica

カモ科／全長65〜80cm

1 2 3 4 5 6 7 8 9 10 11 12

上向きにカールした羽があるのは♂
翼は小さい
尻の部分が大きい
♂

留鳥。全国の湖沼、池、河川、公園など。一年を通してごくふつうに見られる。マガモに似たものや真っ白なもの、黒っぽいものなどいろいろな羽衣がある。♪ガァーガーなどと鳴く。

カールした羽はない
♀

アヒルとアイガモ

アヒルは中国でマガモを家禽化したもので、その後ヨーロッパでさらに改良され、いろいろな品種が作られた。原種に近いものをアイガモとよんでいる。

アイガモはマガモによく似た羽衣をしている。

カモの仲間の羽衣

夏の繁殖期の後半に羽毛が抜けかわり、雄の夏羽（繁殖羽）の美しい羽衣が、一時雌に似た地味な羽衣になる。これをエクリプスとよぶ。日本に渡来したばかりの一部のカモ類で見られ、ほとんどのカモ類では繁殖羽が既にまざっている。
また、カモ類の雄の幼鳥にも雌の羽衣のような色合いをした種類がいる。11月頃からは雄の羽衣が出はじめるので、種類によっては雌雄の識別がつくようになる。

コガモのエクリプス

マガモのエクリプス

ヒドリガモの幼鳥

オナガガモの幼鳥

水面採食と潜水採食

水面採食するカモの多くは淡水ガモの仲間で、足が体の中央にあり、飛びたつときにはその場から飛びたつことができる。それに対して、潜水採食をするカモは足が体の後方にあり、飛びたつときには水面を助走しなければならない。

水面採食するハシビロガモ。水面に浮いたまま、嘴や頭を水中に入れて採食する。

潜水採食するコオリガモ。完全に潜水して、水中を泳ぎまわって採食する。

海水ガモの仲間

スズガモ [鈴鴨]
Aythya marila

カモ科／全長45cm
1 2 3 4 5 6 7 8 9 10 11 12

冬鳥。ほぼ全国の内湾、港、海に近い湖沼や池など。大群は夕暮れに飛びたって海上に行き、潜水して貝などを食べる。日中に内陸に入る個体は少ない。♪あまり鳴かないが、聞こえにくい声で「クッ」などと鳴く。

- 嘴は鉛色
- 頭部は黒く緑色光沢がある
- 体上面は白黒の斑模様 ♂
- 嘴基部のまわりは白い
- 嘴は鉛色
- 白黒の斑模様がある ♀

キンクロハジロ [金黒羽白]
Aythya fuligula

カモ科／全長40cm
1 2 3 4 5 6 7 8 9 10 11 12

冬鳥。ほぼ全国の湖沼、池、河川、内湾、港など。群れでいることが多い。日中は休息するが、餌づけされている場所では、潜水している姿をよく見る。♪あまり鳴かないが「キュッ」と鳴く。

- 後頭に長い冠羽がある
- 頭部からの上面は紫色光沢のある黒 ♂
- 嘴は鉛色で先は黒い
- 短めの冠羽がある
- 尻は黒っぽい個体もいる ♀
- 嘴の基部近くが白っぽい個体もいる

シノリガモ [晨鴨]
Histrionicus histrionicus

カモ科／全長43cm

1 2 3 4 5 6 7 8 9 10 11 12

留鳥、冬鳥。中部地方以北の海岸におもに小群で生活。特に岩礁地帯を好んで、貝類や甲殻類を捕って食べる。青森県の渓流では少数が繁殖している。♪あまり鳴くことはないが、小さな声で「キュッ」と鳴く。

- 嘴は鉛色
- 頭部は白、茶色、青色の複雑な模様
- 額の一部に白斑がある
- 耳羽に白斑がある
- 脇腹は赤茶色
- 頬に白斑がある

ホシハジロ [星羽白]
Aythya ferina

カモ科／全長45cm

1 2 3 4 5 6 7 8 9 10 11 12

冬鳥。内湾、港、河口、湖沼、池など。多くは群れで生活し、日中は休息しているものが多いが、餌づけされている場所では、日中でも行動する。♪あまり鳴かないが、「キュッ」と鳴く。

- 嘴は中央が青灰色で基部と先が黒い
- 虹彩は赤い
- 頭部は赤茶色
- 胸は黒っぽい
- 嘴は黒っぽく鉛色部がある
- 淡色のアイリングがある

海水ガモの仲間

クロガモ [黒鴨]
Melanitta americana

カモ科／全長48cm
1 2 3 4 5 6 7 8 9 10 11 12

冬鳥。中部地方以北の沖合、内湾、港など。群れをつくり、おもに沖合で生活するものが多い。場所によっては越夏する。♪海上では遠くまで通る声で「ピュー」と鳴く。次々に鳴くので、一個体がずっと鳴いているように聞こえることもある。

- 嘴は黒く、黄色いこぶがある
- 頭部から全体に黒い ♂
- 頭部は黒褐色で頬は白っぽい ♀
- 嘴は黒く黄色っぽい部分がある

ビロードキンクロ [天鵞絨金黒]
Melanitta fusca

カモ科／全長55cm
1 2 3 4 5 6 7 8 9 10 11 12

冬鳥。関東地方以北の沖合で見られ、ときには港などにも入る。ふつうは群れで生活するが、個体数が減少しているので、クロガモの群中や単独でいることが多い。♪「アー」などの声を出すことがある。

- 虹彩は白い
- 眼の下に三日月形の白斑がある ♂
- 嘴は橙色で基部はこぶ状

- 顔前面が白っぽい
- 嘴は黒い
- 眼の後方に白斑がある
- 翼の一部が白い ♀

ホオジロガモ [頰白鴨]
Bucephala clangula

カモ科／全長45cm

<u>1</u> <u>2</u> <u>3</u> 4 5 6 7 8 9 10 <u>11</u> <u>12</u>

- 虹彩は黄色
- 頭部は緑色光沢のある黒色
- 頰部に白斑
- ♂

- 頭部は暗褐色
- 嘴は黒く先が黄色い
- 頸は白い
- ♀

冬鳥。おもに東北地方北部以北の内湾、港、湖沼、河川など。関東近海にも姿を見せることがある。荒れた海上をきらい、静かな海上で潜水して貝などを採る。♪あまり鳴くことはないが、「ギー」または「ギィーイ」などと聞こえる声を出す。

コオリガモ [氷鴨]
Clangula hyemalis

カモ科／全長♂60cm ♀38cm

<u>1</u> <u>2</u> <u>3</u> 4 5 6 7 8 <u>9</u> <u>10</u> <u>11</u> <u>12</u>

冬鳥。おもに北海道の沖合に多く、少数が内湾、港などに入る。♪特徴のある「アッアォナ」というよく通る声を出す。この声から、「アオナ鳥」という地方名もある。

- 嘴は基部と先が黒く中央はピンク色
- 頭部は白い
- 中央尾羽は長い
- ♂
- 嘴は黒っぽい
- 眼のまわりは白い
- 背と胸は淡く茶色っぽい
- ♀

海水ガモの仲間

カワアイサ [川秋沙]
Mergus merganser

カモ科／全長65cm

1 2 3 4 5 6 7 8 9 10 11 12

- 嘴は赤く先が黒い
- 頭部は緑色
- 頸からの体下面は白い
♂

- 嘴は赤い
- 短めの冠羽
- 頸の中央の茶色と白の境がはっきりしている
♀

冬鳥。全国の湖沼、池、河川のほか、港などにも入る。北海道東部では少数が繁殖している。大きな群れで見られることもあるが、十数羽でいることが多い。♪あまり鳴くことはないが「クゥゥ」などと聞こえる声を出す。

ウミアイサ [海秋沙]
Mergus serrator

カモ科／全長55cm

1 2 3 4 5 6 7 8 9 10 11 12

- 嘴は赤く上面は黒い
- 長い冠羽がある
- 虹彩は赤い
♂
- 頸の下部から胸は褐色
- 頸の中央は白い

- カワアイサよりも長い冠羽がある
- 頸の中央の茶色と白の境はぼやけている
♀

冬鳥。おもに九州以北の海岸近くの海上、河口、内湾、港、河川など。群れで行動することが多いが、単独でいることもある。顔を水面につけて泳ぐ姿を見ることがある。♪あまり鳴かないが「クゥ」などと聞こえる声を出す。

ミコアイサ [神子秋沙]
Mergellus albellus

カモ科／全長42cm

1 2 3 4 5 6 7 8 9 10 11 12

冬鳥。ほぼ全国の湖沼、池、河川など。北海道北部では少数が繁殖。南西諸島では少ない。ふつうは群れで行動するが、近年は数羽でいることが多い。♪あまり鳴くことはないが、「クゥ」または「ギィーイ」などと聞こえる声を出す。

眼のまわりは黒い
眼の後方に黒線
♂

目先は黒っぽい
頭部は茶褐色
♀

海水ガモの仲間は飛びたつときに水面を助走する。

カワアイサとウミアイサの虹彩

カワアイサ

あまり目立たない暗いこげ茶色なので、眼の位置がわかりづらい。

ウミアイサ

赤に近い色をしているので、カワアイサに比べて眼の位置がわかりやすい。

ガンの仲間

顔の前面は白い

嘴はピンク色で橙色みがある

成鳥の腹部には黒い斑紋がある

マガン［真雁］
Anser albifrons

カモ科／全長72㎝／雄雌同色
1 2 3 4 5 6 7 8 9 10 11 12

冬鳥。本州の日本海側では島根県以北、太平洋側では宮城県以北の湖沼、水田など。ほかでは迷行例があるだけ。水田地帯に群れていることが多い。♪飛びたちや飛翔中には「クワワン、…」などと鳴き、降りているときには「グヮァァァ」と鳴く。

白い部分が小さい

マガンの若鳥の嘴

嘴は黒く先の方に橙黄色部分がある

全体に暗褐色で前頸からの体下面は淡色

ヒシクイ［菱喰］
Anser fabalis

カモ科／全長85㎝／雄雌同色
1 2 3 4 5 6 7 8 9 10 11 12

冬鳥。本州の日本海側では島根県以北、太平洋側では関東北部以北の湖沼、水田など。ほかでは迷行例があるだけ。渡来するものの多くは、亜種オオヒシクイである。♪飛びたちや飛翔中には、しわがれた声で「グワワ、…」などと鳴き、休息中に鳴くことはない。

カリガネ［雁］
Anser erythropus

カモ科／全長58㎝／雄雌同色
1 2 3 4 5 6 7 8 9 10 11 12

冬鳥。ガン類が多く越冬する湖沼、水田などに、ほかのガンの仲間の群れに少数がまざって見られることが多い。単独で局地的に現れることもある。
♪「カハハン」と聞こえる声を出す。

顔の前面の白は頭頂近くまである

黄色いアイリングがある

嘴はピンク色

嘴で見分けるガンの仲間

ガンの仲間は、嘴の色や形に違いがある。ただし、個体差も多少あり、若い個体では似たものがいるので、アイリングや頭の形も確認しよう。

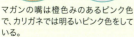

マガンの嘴は橙色みのあるピンク色で、カリガネでは明るいピンク色をしている。

嘴の色はどちらも黒く、先の方に橙黄色の部分があるが、亜種ヒシクイの嘴は短めで、額が出っぱって見える。

ガンの仲間

コクガン［黒雁］
Branta bernicla

カモ科／全長61cm／雄雌同色
1 2 3 4 5 6 7 8 9 10 11 12

頸の上部に白い部分がある

脇腹は白く黒い斑紋がある

冬鳥。多くは東北地方以北の海岸や沖合に渡来するが、それより南での記録も増えている。岩礁などで藻や海藻などを食べ、その後は沖合で休息する。♪飛びたつときに「クアッ」などと鳴く。

シジュウカラガン［四十雀雁］
Branta hutchinsii

カモ科／全長55〜67cm／雄雌同色
1 2 3 4 5 6 7 8 9 10 11 12

冬鳥。多くは中部地方以北の湖沼、河川、水田などで見られる。以前は1羽から数羽がマガンの群中で見られる程度だったが、近年では数百羽の群れが渡来し、2000羽を超えることもある。♪「キャハン」「クアー」と聞こえる声を出す。

顔の下部は白斑になっている

白い頸輪がある

ハクガン [白雁]
Anser caerulescens

カモ科／全長67cm／雄雌同色

1 2 3 4 5 6 7 8 9 10 11 12

冬鳥。多くは中部地方以北の湖沼、河川、水田など。以前は1羽から数羽が局地的に見られたが、近年では100羽以上の群れが渡来している。♪「コウ」と聞こえる声を出す。

初列風切は黒い

雁行
がんこう

群れで飛ぶ大型の鳥の多くは、雁行をつくる。雁行とは群れの形が鉤のようになったり、竿のようになったりする姿をいう。このとき、先頭になったものは風を受けるので、体力を消耗する。しかし、次に飛んでいるものは先頭の後方にできる渦を利用して楽に飛べる。そのため、群れはときおり竿のような形になってほかの鳥が先頭になり、ふたたび鉤のような形で飛ぶことを繰り返す。

雁行をつくって飛んでいるマガン

ハクチョウの仲間

オオハクチョウ [大白鳥]
Cygnus cygnus

カモ科／全長140㎝／雄雌同色
1 2 3 4 5 6 7 8 9 10 11 12

冬鳥。多くは関東地方以北の湖沼、河川、水田など。それよりも南では、迷行するだけ。コハクチョウよりも水辺での生活が多い傾向がある。♪普段は高い声で「コー」と鳴き、降り立ったときなどに雌雄で「コココココ…」などと鳴きかわす。

幼鳥

若い個体は灰褐色の羽がまじる

コハクチョウ [小白鳥]
Cygnus columbianus

カモ科／全長120㎝／雄雌同色
1 2 3 4 5 6 7 8 9 10 11 12

オオハクチョウに比べ頸が短い

冬鳥。本州の日本海側では島根県以北、太平洋側では関東地方以北の湖沼、河川、水田など。水面で休息し、昼間は水田地帯などに移動することが多い。♪オオハクチョウよりも低い声で「コー」と鳴き、降り立ったときなどには「コー、コー」などと鳴きかわす。

コブハクチョウ [瘤白鳥]
Cygnus olor

カモ科／全長150cm／雄雌同色
| 1 | 2 | 3 | 4 | 5 | 6 | 7 | 8 | 9 | 10 | 11 | 12 |

留鳥、漂鳥。ほぼ全国の湖沼、池、河川など。飼い鳥が逃げだして野生化したものが、あちこちで繁殖している。なかには季節移動をしている個体もいる。♪「ガウー」「アウー」と聞こえる声を出す。

嘴は橙色

嘴で見分ける

オオハクチョウ
くい込む

上嘴の黄色い部分が多く、黒い部分にくい込んで見える。

コハクチョウ
くい込まない

黄色い部分が少なく、オオハクチョウと違い、黒い部分にくい込まない。

コブハクチョウ♂
黒いこぶがある

上嘴基部には黒いこぶがあり、これは雌よりも雄のほうが大きい。

トキ・コウノトリの仲間

トキ［朱鷺］
Nipponia nippon

トキ科／全長77cm／雌雄同色
1 2 3 4 5 6 7 8 9 10 11 12

留鳥。日本産のトキは2003年に絶滅。その後、中国から借り受けたものを増殖し、2008年に自然界に放鳥。現在は200羽ほどが佐渡島と周辺に生息している。♪「アー」「アーァ」と聞こえる声を出す。

顔の前面は皮膚が露出して赤い

冠羽がある

夏羽

嘴は黒い

コウノトリ［鸛］
Ciconia boyciana

コウノトリ科／全長112cm／雌雄同色
1 2 3 4 5 6 7 8 9 10 11 12

冬鳥、留鳥。日本で繁殖していたものは1960年代に絶滅した。その後、兵庫県豊岡市が増殖して放鳥し、現在では自然界で繁殖もし、100羽以上が生息。♪繁殖期に嘴で「カタカタカタ」という音を出す。

飛翔時の上面は黒白模様。

ヘラサギ ［篦鷺］
Platalea leucorodia

トキ科／全長86㎝／雌雄同色
<u>1</u> <u>2</u> <u>3</u> <u>4</u> 5 6 7 8 9 <u>10</u> <u>11</u> <u>12</u>

冬鳥、旅鳥。全国の干潟、湿地、湖沼に局地的に数羽が渡来するにすぎないが、九州では毎年記録される。浅瀬で嘴を左右に振りながら歩いて、魚などを捕る。♪日本で越冬中に鳴くことはほとんどない。

眼の位置がわかりやすい

嘴は黒っぽく先はへら状

若鳥

若い個体は翼の先が黒い

冠羽がある

クロツラヘラサギ ［黒面篦鷺］
Platalea minor

トキ科／全長74㎝／雌雄同色
<u>1</u> <u>2</u> <u>3</u> <u>4</u> 5 6 7 8 9 <u>10</u> <u>11</u> <u>12</u>

嘴は黒っぽく先はへら状

冬羽

眼の位置がわかりにくい

胸元に橙黄色の部分がある

夏羽

冬鳥、旅鳥。全国の干潟、湿地、湖沼に局地的に数羽が渡来するが、九州以南では数十羽が毎年越冬している。世界的には貴重な鳥で、行動はヘラサギと同じ。♪日本で越冬中に鳴くことはほとんどない。

〰️ サギの仲間

ヨシゴイ [葭五位]
Ixobrychus sinensis
サギ科／全長37cm／雌雄ほぼ同色
<u>1 2 3 4 5 **6 7 8 9** 10 11 12</u>

頭頂は青みのある黒色

雌の上面は白っぽい羽縁が見える

頸の前面にある5本の線は、雄では中央の1本が目立ち、雌では5本とも目立つ

♂

全体に褐色か黒褐色の縦斑がある

幼鳥

夏鳥。おもに九州以北のアシ原、水田、湿地、湖沼などで見られるが、わりあい局地的。暖地で越冬する個体もいる。アシ原に依存し、ガマやマコモが混在する場所を好む。♪おもに夜間、「ウー」という声を出す。

サンカノゴイ [山家五位]
Botaurus stellaris

サギ科／全長76cm／雌雄同色
<u>**1 2 3 4 5 6** 7 8 9 10 11 12</u>

留鳥、夏鳥。ほぼ全国のアシ原、湿地、水田、湖沼などで局地的に見られたが、現在では関東地方や滋賀県などでのみ繁殖。ほかの地域ではまれに記録される。♪「ボゥー ボゥー」と連続して鳴く。

飛んでいるサンカノゴイ
翼の幅は広く、ゆっくりとした羽ばたきに見える。

ミゾゴイ［溝五位］
Gorsachius goisagi

頭頂部は暗青色

サギ科／全長49㎝／雌雄ほぼ同色
1 2 3 4 5 6 7 8 9 10 11 12

夏鳥。東北南部以南から九州までの丘陵や低山のよく茂った林、沢沿いなど。夜間の鳴き声で、その存在を知ることができる。♪おもに夜間に「ボー、ボー、…」と、低い声で連続して鳴く。

ズグロミゾゴイ［頭黒溝五位］
Gorsachius melanolophus

頭頂から後頭は濃い藍色

目先は青色みがある

サギ科／全長49㎝／雌雄同色
1 2 3 4 5 6 7 8 9 10 11 12

留鳥。沖縄県先島諸島の常緑広葉樹林、芝地、農耕地、牛小屋など。朝夕に活発に行動するが、日中でもミミズなどを採食している姿を見ることがある。♪おもに夜間「ボー、ボー…」とミゾゴイと同じようなよく通る声で鳴く。

ズグロミゾゴイの冠羽
紺色の冠羽は後方に長くあるが、すべてが見えることは少ない。

サギの仲間

ゴイサギ[五位鷺]
Nycticorax nycticorax

サギ科／全長57cm／雌雄同色
| 1 | 2 | 3 | 4 | 5 | 6 | 7 | 8 | 9 | 10 | 11 | 12 |

2本の長い冠羽
頭頂から体上面は紺色

全体に白斑がある

第1回冬羽

留鳥、漂鳥。ほぼ全国の湖沼、池、河川、林など。北海道では夏期に少数が記録されるだけ。日中は林などで休息し、夕暮れとともに活動を始める。♪昼間に鳴くことは少ないが、夜間に飛びながら「ゴアッ」と鳴く。このことから「夜烏」の俗名がある。

ササゴイ[笹五位]
Butorides striata

頭部は紺色
後頭に冠羽がある
頭部は淡い青灰色
翼はササの葉模様

サギ科／全長52cm／雌雄同色
| 1 | 2 | 3 | 4 | 5 | 6 | 7 | 8 | 9 | 10 | 11 | 12 |

夏鳥。ほぼ全国の湖沼、池、河川など。暖地では越冬する個体もいる。物を川面に投げ入れ、それに近づいてきた魚を捕らえる「ルアーフィッシング」をする。♪昼間はあまり鳴かないが、夜間に飛びながら「キュッ」と鳴くことが多い。

全体に褐色みがある

幼鳥

アオサギ [蒼鷺]
Ardea cinerea

サギ科／全長93㎝／雌雄同色
1 2 3 4 5 6 7 8 9 10 11 12

留鳥。全国の海岸から山地の水域まで広く生息。寒冷地のものには、冬期に暖地へ移動する個体もいる。昼間よりも夕暮れから夜間に活発に行動する。♪飛びたつときなどに「グァー」や「ゴアー」などと鳴く。

眼の上からの濃紺の部分が冠羽につながる
嘴は黄色っぽく赤みがある
体上面は青灰色で肩羽は細い飾り羽になっている
全体に灰色っぽい
幼鳥

ムラサキサギ [紫鷺]
Ardea purpurea

サギ科／全長79㎝／雌雄同色
1 2 3 4 5 6 7 8 9 10 11 12

留鳥。多くは先島諸島の水田、湿地、畑地などで見られ、それ以外の場所では迷鳥。アオサギのように群れることはなく、単独で行動していることが多い。♪あまり鳴かないが、飛びたちや降りたつときなどに「グワァー」などと鳴く。

頸がとても細長い

サギの仲間

コサギ [小鷺]
Egretta garzetta

サギ科／全長61cm／雌雄同色
1 2 3 4 5 6 7 8 9 10 11 12

2本の長い飾り羽がある

飾り羽は短くなる

胸元と背に長い飾り羽がある

夏羽

冬羽

留鳥、夏鳥。ほぼ全国の湖沼、池、河川、水田など。平地の林などにコロニーをつくる。早朝にねぐらから飛びたって、隊列を組んで採食場へ行く。♪争いのときなどに「ガァー」や「ギャ」と鳴く。

アマサギ [猩々鷺]
Bubulcus ibis

サギ科／全長50cm／雌雄同色
1 2 3 4 5 6 7 8 9 10 11 12

夏鳥。本州以南の水田、草地、牧草地、池など。チュウサギよりも水辺に入ることは少なく、バッタなどの昆虫を中心に、カエルやトカゲを捕る。♪あまり鳴かないが、ときどき「ガッ」や「コワッ」と鳴く。

嘴は橙黄色

頭部から後頭と胸の部分は橙黄色

夏羽

全体に白い

冬羽

嘴は黒く茶色みがある

全体に墨色

黒色型

白色型

足は黄色みのある黒で足指は黄色

クロサギ［黒鷺］
Egretta sacra

サギ科／全長58㎝
<u>1 2 3 4 5 6 7 8 9 10 11 12</u>

留鳥。ほぼ全国の海岸に生息するが、ときに海岸近くの内陸に入ることがある。雪国のものは冬期、暖地に移動する。また、南に行くほど白色型が増える。♪あまり鳴かないが、争いのときなどに「ガァー」と鳴く。

バサバサの冠羽がある

カラシラサギ［唐白鷺］
Egretta eulophotes

サギ科／全長68㎝／雌雄同色
1 2 3 <u>4 5 6 7 8 9</u> 10 11 12

旅鳥。ほぼ全国の池、河川、水田、干潟などに局地的に渡来する。九州以南での記録が多い。コサギのように足指を水中で震わせて、魚を捕ったりする。♪あまり鳴かないが、「アー」と鳴くことがある。

足指は黄色

サギの仲間

チュウサギ [中鷺]
Egretta intermedia

サギ科／全長68cm／雌雄同色
1 2 3 4 5 6 7 8 9 10 11 12

夏鳥。本州以南の水田、湿地、草地、池、河川など。ほかのシラサギ類とは異なり、水辺での生活よりも、草地や水田などでくらすことが多く、カエルや昆虫を捕らえる。♪あまり鳴かないが、争いのときなどに「ガァー」と鳴く。

- 嘴は黒い
- 胸に飾り羽がある
- 背に飾り羽がある

夏羽

- 非繁殖期の成鳥と若鳥の嘴は黄色

幼鳥

チュウサギとダイサギの顔の違い

チュウサギ

口角が眼より後方までおよばない。

ダイサギ

口角が眼よりも後方までおよんでいる。

ダイサギ [大鷺]
Ardea alba

サギ科／全長88〜98cm／雌雄同色

1 2 3 4 5 6 7 8 9 10 11 12

留鳥、冬鳥。ほぼ全国の湖沼、池、河川など。冬期に見られるものの多くは、冬鳥として渡来する亜種ダイサギで、夏期に見られる夏鳥の亜種チュウダイサギよりひとまわり大きい。♪飛びたつときには「ガッ」と、なわばり争いでは「グァ」や「ガアアア」と鳴く。

非繁殖期の若鳥の嘴は黄色い

ダイサギ（チュウダイサギ）冬羽

嘴は黒い
目先は婚姻色で青くなる
夏羽

足指の色の違い

コサギ	カラシラサギ	クロサギ	アマサギ	チュウサギ

コサギ　　　　足は黒く、足指は黄色いが、色みや範囲は個体差がある。
カラシラサギ　足は黒く、足指は黄色いが、色みや範囲は個体差がある。
クロサギ　　　足は黄色みのある黒で、足指は黄色いが色みは個体差がある。
アマサギ　　　全体に黒いが、腿近くは淡色で、足指は黒い。
チュウサギ　　足全体が黒い。これはダイサギ、アマサギも同じである。

ツルの仲間

マナヅル［真鶴］
Grus vipio

ツル科／全長127cm／雌雄同色
1 2 3 4 5 6 7 8 9 10 11 12

冬鳥。おもに鹿児島県出水市の水田地帯に渡来し、それ以外では少数が定期的に来る場所や迷行例がある程度。ナベヅルよりも遅く渡来し、渡去も早い傾向がある。♪「グルルウ、クックックッ」などと雌雄で鳴きかわす。

嘴は淡黄色

眼のまわりは皮膚が裸出して赤い

雨覆と三列風切は白っぽい

前頸から腹部は灰黒色

マナヅルの家族。左が若鳥で、中央が雌、右側が雄。雄の方が雌よりも若干大きい。

ナベヅル [鍋鶴]
Grus monacha

ツル科／全長96cm／雌雄同色

1 2 3 4 5 6 7 8 9 10 11 12

冬鳥。おもに鹿児島県出水市の水田地帯に渡来し、それ以外では少数が定期的に来る場所や迷行例がある程度。一定のねぐらをもち、早朝飛びたって採食場へ移動する。♪甲高い声で「ククウ」「クウウ」などと雌雄で鳴きかわす。

前頭は黒く赤い部分が一部ある

虹彩は赤い

頸下部からの体は全体に灰黒色

クロヅル [黒鶴]
Grus grus

ツル科／全長114m／雌雄同色

1 2 3 4 5 6 7 8 9 10 11 12

冬鳥。おもに鹿児島県出水市の水田地帯に渡来し、そのほかでは迷鳥。ナベヅルの群れにまざって生活している。1970年代頃からナベヅルとクロヅルの雑種も出ている。♪越冬中は低い声で「クルー」「クルル」などと雌雄で鳴きかわす。

虹彩は赤または黄色

前頭は黒い

全体に灰白色

ほぼ全体が暗褐色みの強い灰色

幼鳥

ツルの仲間

カナダヅル [カナダ鶴]
Grus canadensis

ツル科／全長95㎝／雌雄同色

| 1 | 2 | 3 | 4 | 5 | 6 | 7 | 8 | 9 | 10 | 11 | 12 |

- 頭から頸は灰色
- 体全体は灰色で茶褐色の羽が不規則に入る

冬鳥。全国に局地的に迷行例があるが、鹿児島県出水市の水田地帯で記録されることが多い。ナベヅルの群れの中にいると、胴長で短足のツルがまざっているようだ。♪「クルー」「クルゥ」などと鳴く。

- 顔前面は皮膚が裸出して赤い
- 虹彩は黄色
- 翼の先は黒いが、飛ばないと見えない

ソデグロヅル [袖黒鶴]
Grus leucogeranus

ツル科／全長130㎝／雌雄同色

| 1 | 2 | 3 | 4 | 5 | 6 | 7 | 8 | 9 | 10 | 11 | 12 |

冬鳥。世界的に数の少ないツルの仲間。日本では全国で局地的に迷行例があるが、九州地方での記録が多い。生活はほかのツルの仲間と同じ。♪「ケェー」などと鳴くが聞くことは少ない。

虹彩は黒い

頭頂は赤い

三列・次列風切は黒い

尾羽は白い

タンチョウ［丹頂］
Grus japonensis

ツル科／全長 140㎝／雌雄同色

| 1 | 2 | 3 | 4 | 5 | 6 | 7 | 8 | 9 | 10 | 11 | 12 |

留鳥、漂鳥。北海道東部で繁殖し、越冬期には釧路市阿寒や鶴居村などの餌づけされている場所に、多くが集まる。ねぐらは川の中央部につくる。♪甲高い声で「クルー」「クウウ」などと雌雄で鳴きかわす。

タンチョウの家族。湿原で繁殖したつがいと生まれた雛は、翌年の春先まで一緒にくらし、その後若鳥はほかの若鳥と群れをつくり相手を見つける。

小型のチドリの仲間

コチドリ[小千鳥]
Charadrius dubius

チドリ科／全長16cm／雌雄同色

1 2 3 4 5 6 7 8 9 10 11 12

額は白く、前頭から過眼線は黒い
黄色いアイリングがある
成鳥で黒い部分は淡色
胸上部に黒い帯がある
足は肉色
夏羽
足は肉色で黄色みがある
幼鳥

夏鳥。全国の河川、埋立地、造成地など。西日本では少数が越冬する。チョコチョコと歩いては立ち止まり、嘴を地上にチョンとつけるのが特徴。●普段は「ピィ」または「ピィー」などと鳴き、繁殖期には飛びながら「ピョオピョオ、ピョピョピョ」などと鳴く。

イカルチドリ[桑鳲千鳥]
Charadrius placidus

チドリ科／全長21cm

1 2 3 4 5 6 7 8 9 10 11 12

留鳥、漂鳥。ほぼ全国の小石や砂礫地がある河川など。南西諸島では、少数が冬鳥。繁殖期以外は小群で生活するが、あまり動かないので目立たない。●普段は「ピュ」などと鳴き、繁殖期には飛びながら「ピョッピョッ…」と鳴く。

前頭は黒い
過眼線状に褐色で黒みがある
足は肉色
♂夏羽

前頭と過眼線は淡色
足は肉色
♀夏羽

シロチドリ [白千鳥]
Charadrius alexandrinus

チドリ科／全長17cm

1 2 3 4 5 6 7 8 9 10 11 12

前頭と過眼線は黒い
胸中央に黒い帯はない
足は黒っぽい
♂夏羽
過眼線は淡色
足は黒っぽい
♀冬羽

留鳥、夏鳥。ほぼ全国の海岸の砂浜、河口、砂礫地、干潟など。関東地方以北では夏鳥、それより南では一年中見られ、越冬期には数十羽の群れになる。♪普段は「ピル」などと鳴き、繁殖期は「ピルル…」と鳴く。

ハジロコチドリ [羽白小千鳥]
Charadrius hiaticula

チドリ科／全長19cm／雌雄同色

1 2 3 4 5 6 7 8 9 10 11 12

コチドリのようなアイリングはない
過眼線は淡色
嘴は黒く基部が黄色い
足は黄色
夏羽
足は黄色
冬羽

旅鳥、冬鳥。ほぼ全国の干潟や海岸の砂地、埋立地などに局地的に渡来する。少数だが一定の渡来地もある。コチドリのような黄色いアイリングはない。♪コチドリに似た声で「ピューイ」「ピー」などと鳴く。

小型のチドリの仲間

メダイチドリ［目大千鳥］
Charadrius mongolus

チドリ科／全長19cm／雌雄同色
1 2 3 **4 5** 6 7 **8 9** 10 11 12

額と過眼線は黒い
胸は全体に橙色
足は黒みのある肉色
夏羽
幼鳥の羽縁は白っぽい
幼鳥

旅鳥。ほぼ全国の干潟や海岸の砂地、埋立地などで見られ、水田などに入ることもある。多くは潮の干満に左右されて行動し、ゴカイをよく食べる。♪飛びたつときなどに「ピュル」と鳴く。

オオメダイチドリ［大目大千鳥］
Charadrius leschenaultii

チドリ科／全長24cm／雌雄同色
1 2 3 4 5 6 **7 8 9 10 11 12**

旅鳥。ほぼ全国の干潟や海岸の砂地、河口など。沖縄県南部では越冬する個体もいる。よく似ているメダイチドリと違い、カニを主食とすることが多い。♪日本ではあまり鳴かないが「ピュリ」という声を出す。

嘴は長い
胸の橙色の帯は細い
足は肉色で黄色みがある
夏羽
幼鳥の羽縁は白っぽい
足は長め
幼鳥

小型のチドリ夏羽♂の顔

小型のチドリの仲間は、頭や顔の色、斑紋に特徴があって、見分けることができる。

コチドリ
- 白い部分が小さい
- 黄色いアイリング

イカルチドリ
- 白い
- 黄色いアイリング

シロチドリ
- 白い額は眉斑に伸びる
- 黒帯が切れる

ハジロコチドリ
- 嘴は橙色で先が黒い
- 黒帯がつながっている

メダイチドリ
- 白い部分が大きい
- 胸は橙色

オオメダイチドリ
- 白い部分が小さい
- 胸は白い

大型のチドリの仲間

ムナグロ [胸黒]
Pluvialis fulva

チドリ科／全長24cm／雌雄同色
1 2 3 4 5 6 7 8 9 10 11 12

頭から体上面は黄褐色と黒、白がまじった斑模様

頬から前頸と腹部は黒い

夏羽

旅鳥、冬鳥。全国の農耕地や干潟、芝地などで見られる。多くは旅鳥だが、暖地では越冬する個体もいる。群れで行動するが、食べるときにはばらばらに動きまわる。♪飛翔や休息中に「キュピ」などと鳴く。

冬羽

後指はない

全体に黄色みを感じる

幼鳥

頭から胸側は白っぽい

夏羽

頬から前頸と腹部は黒い

ダイゼン［大膳］
Pluvialis squatarola

チドリ科／全長29cm／雌雄同色
1 2 3 4 5 6 7 8 9 10 11 12

冬鳥、旅鳥。全国の干潟や河口、砂浜など。潮の干満に左右されて行動し、満潮の休息時でも淡水域に行くことは少なく、海岸の堤防などに残る。♪移動するときなどにわりと大きな声で「ピウイー」と鳴く。

冬羽

小さい後指がある

胸から脇腹に褐色の縦斑

幼鳥

大型のチドリの仲間

タゲリ[田鳧]
Vanellus vanellus

チドリ科／全長32cm／雌雄ほぼ同色
1 2 3 4 5 6 7 8 9 10 11 12

冬鳥。本州から九州の水田、湿地、河原など。多くは群れで行動するが、厳寒期の暖地では単独で行動する個体もいる。♪飛びたつときなどに「ミュウー」と子ネコのような声を出す。

長い冠羽がある

体上面は緑色の金属光沢がある

胸は黒い

肩羽に紫色の羽がある

♂ 冬羽

体上面の各羽の羽縁は淡黄色

第1回冬羽

喉は黒い

♂ 夏羽

ケリ [鳧]
Vanellus cinereus

チドリ科／全長36cm／雌雄同色
| 1 | 2 | 3 | 4 | 5 | 6 | 7 | 8 | 9 | 10 | 11 | 12 |

- 頭から前頸は青灰色
- 嘴は黄色く先が黒い
- 胸の下部に黒い帯がある

留鳥、漂鳥。中部地方から近畿地方に多く、ほかの地方では季節移動のときにだけ見られる。水田地帯や湿地、河原などに生息し、繁殖期以外は小群で生活する。♪普段は「ケリリ」などと鳴き、繁殖期には「ケッケッケッ…」と連続して鳴く。

千鳥足について

チドリの仲間は、チョコチョコと歩いては立ち止まり、地面を突いて再び歩きだすが、方向は定まらない。しかも、足跡を見ると少々内股である。そんなことから、酔っぱらった人がよろめくようにフラフラ歩くような歩き方を、千鳥足というようになった。

チドリの仲間の足跡。

小型のシギの仲間

ハマシギ [浜鷸]
Calidris alpina

シギ科／全長21cm／雌雄同色
1 2 3 4 5 6 7 8 9 10 11 12

旅鳥、冬鳥。全国の海岸、干潟、河口、河川など。越冬期は群れで行動し、嘴を地面につけたまま忙しく動きまわって採食する姿をよく見る。♪「プリッ」「ピィリ」などと鳴く。

- 嘴は下にわずかに湾曲している
- 体上面は淡い茶色で黒い斑紋がある
- 夏羽
- 腹の中央部に大きな黒斑がある。小型のシギ類で腹部が黒いのはハマシギだけ。
- 足は黒い
- 白っぽい眉斑がある
- 体上面は一様に灰褐色
- 腹部は白い
- 冬羽
- 幼鳥
- 黒褐色の斑がある

サルハマシギ [猿浜鷸]

Calidris ferruginea

シギ科／全長21cm／雌雄同色
1 2 3 4 <mark>5</mark> 6 7 <mark>8 9</mark> 10 11 12

旅鳥。全国の干潟、海岸の砂浜、水田など。単独か数羽で見つかることが多い。嘴をハマシギよりも細かく動かし、プランクトンなどを採食する。♪「プリッ」「ピリッ」などと鳴く。

- 嘴は細くて下に湾曲している
- 頬から体下面は赤褐色
- 夏羽
- 足は黒い
- 体上面は黒褐色で羽縁が白っぽい
- 幼鳥
- 胸部分は淡い橙褐色で個体変異が大きい

サルハマシギ夏羽(左)とハマシギ夏羽

〜〜〜 小型のシギの仲間

ミユビシギ [三趾鷸]
Calidris alba

シギ科／全長19cm／雌雄同色
1 2 3 4 5 6 7 8 9 10 11 12

旅鳥、冬鳥。全国の海岸の砂浜、干潟、河口など。波打ち際で、波が引くと足早に水際に行き、波が押し寄せてくると、それに追われるように走る。♪「クリッ」「キュッ」などと鳴く。

頭から胸上部は
茶褐色で黒斑がまじる

夏羽

足は黒い

体上面は灰色で
暗色の軸斑がある

冬羽

体上面は白黒の
斑模様に見える

幼鳥

翼角(肩に見える部分)が
黒い

ミユビシギとトウネンの見分け方（夏羽）

ミユビシギの方が体が大きく、上面の黒斑に丸みがある。トウネンの黒斑は細長く、先に向かってとがっている。

ヒバリシギ [雲雀鷸]
Calidris subminuta

シギ科／全長15cm／雌雄同色
1 2 3 4 **5** 6 7 **8 9 10** 11 12

背の白線は左右にあり、後方からはV字に見える

頭部はキャップをかぶったようになっている

背の白線は左右にありV字に見える

足は黄緑色　夏羽

幼鳥

旅鳥、冬鳥。全国の水田、湿地など淡水域に生息。足を折り曲げるような格好で、浅い水の中や湿った泥地を動きまわり、プランクトンなどを採食する。♪飛びたつときなどに「プルッ」と鳴く。

キリアイ [錐合]
Limicola falcinellus

シギ科／全長16cm／雌雄同色
1 2 3 **4 5** 6 7 **8 9 10** 11 12

嘴は基部が太く下に湾曲している

頭部には数本の線がある

夏羽

幼鳥

旅鳥。全国の海岸の砂浜、干潟、河口、水田などで見られる。渡来数はあまり多くなく、ふつうは数羽から十数羽程度で、淡水域に入るときには単独のことが多い。♪「ピュリピュリ」などと鳴く。

小型のシギの仲間

トウネン［当年］
Calidris ruficollis
シギ科／全長15cm／雌雄同色
1 2 3 4 5 6 7 8 9 10 11 12

- 頭から体上面と胸は赤褐色で黒斑がある
- 足は黒い
- 体上面は淡褐色で個体変異がある

夏羽

幼鳥

旅鳥。全国の海岸の砂浜、干潟、河口、水田など。以前は大群で渡来していたが、現在では数羽から十数羽で見られることが多い。しかし、ときには数百羽の群れが見られることもある。♪飛びたつときなどに「プリッ チュリイッ」などと鳴く。

飛んでいるトウネンの群れ。成鳥も幼鳥も、飛んでいるときには翼帯がよく目立つ。

オジロトウネン [尾白当年]
Calidris temminckii

シギ科／全長14cm／雌雄同色
1 2 3 4 5 6 7 8 9 10 11 12

頭から体上面は灰褐色で赤褐色と黒の斑がまざる

足は緑黄色

夏羽

体上面は灰色でのっぺりした感じ

冬羽

旅鳥、冬鳥。全国の水田、湿地、河川などで見られ、海水域に入ることはない。越冬は関東地方以南で、暖地に行くほど多い。国内で見られるシギの仲間の最小種。♪飛びたつとき「チリリ」などと鳴く。

アカエリヒレアシシギ [赤襟鰭足鷸]
Phalaropus lobatus

シギ科／全長19cm／雌雄ほぼ同色
1 2 3 4 5 6 7 8 9 10 11 12

旅鳥。全国の沖合から浜辺、干潟、河川、湖沼、水田など。水面を嘴で突つきながらぐるぐる回るように泳ぎ、プランクトンなどを採食する。♪泳ぎ回りながら「チッチッ…」と小さな声で鳴く。

眼の上に白斑がある

嘴は細くて黒い

雄の頭部は橙色雌では赤い

頭部はキャップをかぶったように黒い

黒い過眼線

♀ 夏羽

淡橙色の線

幼鳥

中型のシギの仲間（淡水）

イソシギ[磯鷸]
Actitis hypoleucos

シギ科／全長20cm／雌雄同色
| 1 | 2 | 3 | 4 | 5 | 6 | 7 | 8 | 9 | 10 | 11 | 12 |

体上面は暗褐色

夏羽

白い部分が胸側に入りこんでいる

留鳥、漂鳥。全国の河川、湿地、海岸、干潟など。積雪の多い場所のものは、冬期に暖地へ移動する。南西諸島では、特に若い個体が越冬している。♪飛びながら「ピィーリリリ」などと鳴く。

若鳥

各羽の羽縁は斑点状に白い

飛翔は小刻みに羽を震わせるようにして直線的に飛ぶ。

クサシギ［草鷸］
Tringa ochropus

シギ科／全長22㎝／雌雄同色
1 2 3 4 5 6 7 8 9 10 11 12

旅鳥、冬鳥。全国の水田、湿地、湖沼、河川など。単独で行動していることが多く、一枚の水田に数羽が入ることは少ない。海水域には入らない。♪飛びたつときに「キュピッ」などと鳴く。

白っぽいアイリング

頭から体上面と胸は灰褐色で白斑がある

夏羽

足は黄緑色

体上面は暗灰褐色で細かい白斑がある

冬羽

タカブシギ［鷹斑鷸］
Tringa glareola

シギ科／全長20㎝／雌雄同色
1 2 3 4 5 6 7 8 9 10 11 12

旅鳥、冬鳥。全国の水田、湿地、湖沼、河川など。ほぼ全国的に淡水域のシギの仲間のなかで最もふつうに見られ、海水域に入ることはほとんどない。♪飛びたつときなどに「ピッピッピッ」などと鳴く。

白っぽい不明瞭な眉斑がある

体上面は淡褐色で白斑がまじる

足は黄緑色

中型のシギの仲間（淡水）

ツルシギ[鶴鷸]
Tringa erythropus

シギ科／全長30cm／雌雄同色
1 2 3 4 5 6 7 8 9 10 11 12

- 体上面は黒と白の斑模様
- 嘴は黒く下嘴基部は赤い
- 頭から体下面は黒い
- 足は赤橙色
- 白い眉斑がある
- 頭からの体上面は灰褐色
- 足は橙色

夏羽／冬羽

旅鳥。全国の水田、湖沼、池、河川など。春の渡り期には群れで見られるが、秋の渡り期は数は多くなく、幼鳥が中心で成鳥は少ない。
♪飛びたつときなどに「チュイッ」と鳴く。

アカアシシギ[赤脚鷸]
Tringa totanus

シギ科／全長28cm／雌雄同色
1 2 3 4 5 6 7 8 9 10 11 12

夏鳥、旅鳥。全国で記録され、北海道東部では少数が繁殖し、南西諸島では越冬する個体もいる。淡水域が基本だが、ときには汽水域にも入る。♪普段は「ピョー」と鳴き、警戒時には「ピョピョピョ…」と連続して鳴く。

- 頭から体上面は淡灰褐色で黒斑がまざる
- 嘴は基部が赤く先は黒い
- 体上面は一様に灰褐色

夏羽／冬羽

コアオアシシギ ［小青脚鷸］
Tringa stagnatilis

シギ科／全長24cm／雌雄同色

1 2 3 **4 5 6 7 8 9 10 11** 12

嘴はまっすぐで黒い
体上面は灰褐色で黒斑がある
胸に黒斑がある
足は黄緑色
夏羽

頭からの体上面は灰色で羽縁は白い
第1回冬羽

旅鳥。全国の水田、湿地、湖沼、河川など。春よりも秋の渡り期の方が多い。ひときわ白く見えるスマートなシギで、浅瀬を小走りに動きまわり採食する。♪細い声で「ピィピィピィ」などと鳴く。

アオアシシギ ［青脚鷸］
Tringa nebularia

シギ科／全長32cm／雌雄同色

1 2 3 **4 5** 6 7 **8 9 10** 11 12

嘴は黒っぽくて上に反っている
頭から胸には黒褐色の斑紋が密にある
体上面は灰褐色で黒斑がある
夏羽
足は黄緑色
頭から体上面は淡い灰褐色で羽縁が白い
冬羽

旅鳥、冬鳥。全国の水田、河川、池、湖沼、干潟などで見られる。嘴を水面につけたまま足早に歩き、昆虫や甲殻類などを捕り、ときには小魚も捕まえる。♪普段は「チョーチョーチョー」と3音で鳴くことが多い。

中型のシギの仲間（淡水）

エリマキシギ ［襟巻鷸］
Philomachus pugnax

シギ科／全長 ♂29㎝ ♀22㎝
1 2 3 4 5 6 7 8 9 10 11 12

旅鳥、冬鳥。全国の水田、湿地、河川、干潟などで見られる。数は秋の渡り期に多いが、見られるものの多くは幼鳥である。春の渡り期には、越冬していたものなどが少数見られる程度。♪「クッ」「キュッ」などと鳴く。

体上面は黒褐色で羽縁は淡色

♂ 冬羽

腹は白っぽい

足は黄色や黄緑色など

体上面は黒褐色で羽縁は淡色

幼鳥

頬から胸や脇腹にかけて淡い褐色

飾り羽の色は個体差がある

♂ 夏羽

ウズラシギ [鶉鷸]
Calidris acuminata

シギ科／全長21cm／雌雄同色

1 2 3 4 **5** 6 7 **8 9 10 11** 12

頭頂はキャップを
かぶったように茶色い

体上面は淡い茶色と
黒で羽縁が白い

胸から腹に
V字形の斑紋がある

足は黄緑色

夏羽

幼鳥

胸はぼやけた
淡い茶色

旅鳥。全国の水田や湿地、河川などに渡来。干潟に入ることもある。秋の渡来より春の成鳥の渡来の方が多く、つがいの求愛行動を見ることもある。♪聞きとりにくいほど小さい声で「プリリ」などと鳴く。

アメリカウズラシギ [アメリカ鶉鷸]
Calidris melanotos

シギ科／全長21cm

1 2 3 4 5 6 7 **8 9 10 11** 12

旅鳥。全国の水田、湿地、河川、干潟など。春の渡り期にはほとんど姿を見ることはない。秋の渡り期には、幼鳥が1羽から数羽で記録される。♪「プリッ」などと鳴く。

胸と腹部に
はっきりした境がある

幼鳥

中型のシギの仲間（淡水）

オオハシシギ［大嘴鷸］
Limnodromus scolopaceus

シギ科／全長29㎝／雌雄同色
1 2 3 4 5 6 7 8 9 10 11 12

嘴は長くて黒い

体上面は黒と赤褐色の斑模様

顔から体下面は淡橙色で黒い横斑がある

夏羽

足は黄緑色

足は黄緑色

第1回冬羽

旅鳥、冬鳥。全国の水田、湿地、河川、干潟など。局地的には十数羽の群れが越冬し、春先には夏羽になった個体が見られることもある。♪「ビュル ビュル」などと鳴く。

あまり浅瀬ではない、体が水につくらいの蓮田で休息する。

中型のシギの仲間（海水）

キョウジョシギ [京女鵆]
Arenaria interpres

シギ科／全長22cm
1 2 3 4 5 6 7 8 9 10 11 12

- 下嘴は上に反っている
- 顔から胸は白黒模様。雌は全体に淡色
- 体上面は茶色と黒の模様
- 足は橙色

♂夏羽

- 体上面は暗褐色で淡色の羽縁が目立つ

幼鳥

旅鳥。全国の干潟、海岸の砂浜、岩場、河口など。群れで行動し、少し上に反ったような嘴で、小石や流木の小枝などをひっくり返して食べ物を探す。♪普段は「キョ、キョ」または「ピリリ」などと鳴く。

飛翔時の上面は茶、白、黒色の派手な配色がよく目立つ。

中型のシギの仲間（海水）

オバシギ [姥鴫]
Calidris tenuirostris

肩羽に茶色い斑紋
夏羽
胸の黒斑は帯状になっている
足は緑色みのある黒色
体上面は黒褐色で羽縁が淡色
幼鳥
胸に褐色の縦斑が密にある

シギ科／全長27㎝／雌雄同色
1 2 3 **4 5** 6 7 **8 9** 10 11 12

旅鳥。全国の干潟、海岸の砂浜、岩場、河口など。群れで行動しているが、淡水域では単独のことが多い。腰を曲げたような格好で、稚貝をよく採る。♪「キュキュ」「ケッケッ」などと鳴く。

コオバシギ [小姥鴫]
Calidris canutus

シギ科／全長24㎝／雌雄同色
1 2 3 **4 5 6 7** 8 **9** 10 11 12

旅鳥。全国の干潟、海岸の砂浜、岩場、河口など。春の渡り期には成鳥が数羽でいることが多い。秋の渡り期では幼鳥が多く、数十羽いることもある。♪「キョキョ」などと鳴く。

全体に赤褐色で体上面には黒斑がある
夏羽
足は黒い
体上面は灰褐色で羽縁は黒と白の二重線
幼鳥
足は黄緑色

ソリハシシギ［反嘴鷸］
Xenus cinereus

シギ科／全長23cm／雌雄同色
1 2 3 **4 5** 6 7 **8 9 10** 11 12

- 嘴は上に反っている
- 肩羽の黒線はない
- 肩羽は黒く線に見える
- 足は橙黄色
- 夏羽
- 幼鳥

旅鳥。全国の干潟、海岸の砂浜、岩場、河口など。あまり群れでは行動せず、干潟や砂浜で腰を低くして足早に走りまわり、カニを好んで食べる。♪「ピィピィピィ」と鳴くことが多い。

キアシシギ［黄脚鷸］
Heteroscelus brevipes

シギ科／全長25cm／雌雄同色
1 2 3 **4 5 6 7 8 9 10** 11 12

- 嘴は黒っぽく下嘴基部は淡色
- 胸から脇腹に灰褐色の横斑がある
- 体上面は一様に灰褐色
- 足は淡い橙黄色
- 夏羽
- 白い眉斑
- 上面は灰褐色で細かな斑紋がある
- 幼鳥

旅鳥。全国の干潟、海岸の砂浜、岩場、河口など。小群で生活していることが多く、たまに淡水域に入るときには、単独でいることが多い。♪「ピューィ」と鳴く。

ジシギの仲間

ヤマシギ［山鷸］
Scolopax rusticola

シギ科／全長34㎝／雌雄同色
| 1 | 2 | 3 | 4 | 5 | 6 | 7 | 8 | 9 | 10 | 11 | 12 |

- 頭頂から後頸にかけて4本の黒っぽい横斑がある
- 体上面は全体に枯れ葉模様
- 嘴はまっすぐで淡い橙色みがあり先は黒っぽい

漂鳥。全国の丘陵、農耕地、芝地、林縁部など。越冬中は日中でも活動するが、朝夕に活発に行動する。繁殖地では夜に活動するのがふつう。♪繁殖期になわばり内を飛びながら「ブウ、ブー、チキッ」と、繰り返して鳴く。

タシギ［田鷸］
Gallinago gallinago

シギ科／全長26㎝／雌雄同色
| 1 | 2 | 3 | 4 | 5 | 6 | 7 | 8 | 9 | 10 | 11 | 12 |

嘴は長い

- 全体に赤褐色みを感じる
- 肩羽の白っぽい線はたれ下がって見える
- 尾羽は12〜18枚（ふつう14枚）

旅鳥、冬鳥。全国の水田、湿地、河原、池や沼の湿泥地など。浅瀬を歩きながら、長い嘴を土中にさし込んで、ミミズや貝類などを採食する。♪飛びたつときなどにしわがれた声で「ジェッ」と鳴く。

アオシギ [青鷸]
Gallinago solitaria

シギ科／全長31cm／雌雄同色
<u>1 2 3 4</u> 5 6 7 8 9 <u>10 11 12</u>

体上面全体が苔むした石のような模様

冬鳥。本州以北の渓流、沢、山間の河川など。石などがごろごろしているような場所を好んで生活する。警戒すると体を伏せるが、苔むした石のように見える。♪飛びたつときに「ジェッ」と鳴く。

オオジシギ [大地鷸]
Gallinago hardwickii

シギ科／全長30cm／雌雄同色
1 2 3 <u>4 5 6 7 8 9</u> 10 11 12

夏鳥。中部地方の高原と東北地方以北の草原に渡来する。♪繁殖期に、飛びながら「ジェジェ…」と鳴き、「ズビャーク、ズビャーク」と鳴きながら急降下し、尾羽で「ザザザザ」という音を出す。

頬部の細い褐色の斑紋は目立たない

体全体に白っぽさを感じる

嘴は長く淡い橙色で先は黒っぽい

飛んでいるオオジシギ
翼の下面は黒っぽい。

≈≈≈ セイタカシギ

セイタカシギ [丈高鷸]
Himantopus himantopus

セイタカシギ科／全長37cm／雌雄ほぼ同色

| 1 | 2 | 3 | 4 | 5 | 6 | 7 | 8 | 9 | 10 | 11 | 12 |

頭頂から後頭が黒いものから白いものまでいる

虹彩は赤い

体上面は金属光沢のある黒色

足は長くピンク色

♂

漂鳥、留鳥。全国の水田、湿地、河原、池や干潟など。東北地方以北では旅鳥で、南西諸島では冬鳥。足が長いので、深い場所に入って採食する。♪普段は「ケッ」などと鳴き、繁殖期には「ケッケッ…」と連続で鳴く。

頭部は白いものから黒っぽいものまで個体差がある

背と肩羽は灰黒褐色

足は長く橙色

♀

近年は群れが多く見られるようになってきた。

タマシギ・ミヤコドリ

タマシギ [玉鷸]
Rostratula benghalensis

タマシギ科／全長24cm
1 2 3 4 5 6 7 8 9 10 11 12

- 頭頂に黄色い頭央線がある
- アイリングとその後方が白い
- 胸は黒い
- 白い線がある
- 繁殖期の足は黄緑色

留鳥、漂鳥。東北地方南部より南の水田、休耕田、河川など。繁殖期以外は小群で行動する。繁殖は一妻多夫で行う。♪繁殖期に雌は「コォコォ…」と連続して鳴く。

タマシギ♂
雌に比べるとずっと地味な色

♀

ミヤコドリ [都鳥]
Haematopus ostralegus

ミヤコドリ科／全長45cm／雌雄同色
1 2 3 4 5 6 7 8 9 10 11 12

冬鳥。九州以北の海岸の砂浜、岩場、干潟、河口などで見られる。群れで行動し、波打ち際を歩きながら二枚貝を採食する。近年、増加傾向にある。♪飛びたつときや飛翔中に「ピューリー」または「ピピ」と鳴く。

- アイリングと虹彩が赤い
- 頭部から胸と体上面は黒い
- 嘴は基部が赤く先にいくほど淡色になり、先端は黄色
- 足はピンク色

≈≈ 大型のシギの仲間

オグロシギ [尾黒鷸]
Limosa limosa

シギ科／全長38cm／雌雄ほぼ同色

1 2 3 **4 5** 6 7 **8 9** 10 **11** 12

顔から胸は淡い橙色

嘴はまっすぐでピンク色みがあり先は黒い

胸から腹部に黒い横斑がある

♂ 夏羽

旅鳥。全国の水田、湿地、池、干潟など。春の渡りは日本海側に多く、秋の渡りは太平洋側に多い傾向がある。海水域に入ることは少ない。♪「ケッケッ」または「キッ」などと鳴く。

冬羽の体上面は全体に灰色っぽい

夏羽の顔から胸は雌の方が淡い

足は黒い

♀ 冬羽〜夏羽

頸部に淡い橙色みがある

雨覆部分は灰褐色で黒っぽい斑紋がある

幼鳥

オオソリハシシギ [大反嘴鷸]
Limosa lapponica

シギ科／全長39cm／雌雄同色

1 2 3 **4 5** 6 7 **8 9** 10 11 12

旅鳥。全国の海岸の砂浜、干潟、河口などで、淡水域に入ることはほとんどない。太平洋側では春秋に渡来するが、日本海側では春の渡来は少ない。♪「ケッケッ」「キッ」などと鳴く。

顔から体下面は赤褐色

夏羽

雨覆部分にそろばん玉形の模様がある

幼鳥

嘴はピンク色で先は黒く、上に反っている

飛翔で見分ける

オオソリハシシギ　オグロシギ

オグロシギは飛翔時、腰が白く、尾羽が黒く見える。

大型のシギの仲間

コシャクシギ [小杓鷸]
Numenius minutus

シギ科／全長30cm／雌雄同色
1 2 3 4 5 6 7 8 9 10 11 12

体上面は黒褐色で羽縁が淡色

三列風切に長方形を並べたような白っぽい模様

嘴は黒く下嘴基部はピンク色

足は肉色

夏羽

旅鳥。全国の農耕地、荒れ地、草地など。水の中よりも乾いた場所を好んで行動し、アブやハチなどの昆虫を好んで食べる。渡来数は少ない。♪「ピピピ」と3音で鳴くことが多い。

三列風切に三角形を並べたような白っぽい模様

幼鳥

片羽を伸ばすノビの場合、同時に足も伸ばす。

チュウシャクシギ [中杓鷸]

Numenius phaeopus

シギ科／全長42cm／雌雄同色
1 2 3 4 5 6 7 8 9 10 11 12

- 淡色の明瞭な頭央線がある
- 嘴は黒く長くて下に湾曲している
- 顔から体下面は白っぽく胸までは褐色の縦斑が脇腹には褐色の横斑がある
- 足は鉛色
- 三列風切の長方形を並べたような淡色の模様はぼやけている
- 三列風切に三角形を並べたような白っぽい模様
- 嘴は短め
- 幼鳥

旅鳥。全国の海岸の砂浜、岩礁、水田、干潟、池など。群れでいることが多い。海辺ではカニなどの甲殻類を、水田や草地では昆虫などを食べる。♪「ピピピピピピピ」と7音で鳴き、欧米ではセブンホイッスルという異名がある。

群れで行動していることが多く、多いときには百羽を超える。

大型のシギの仲間

嘴は黒く
下嘴基部はピンク色
非常に長くて
下に湾曲している

ホウロクシギ[焙烙鷸]
Numenius madagascariensis

シギ科／全長63cm／雌雄同色
1 2 3 **4 5** 6 7 **8 9 10 11** 12

旅鳥。全国の海岸の砂浜、干潟、河口など。場所によっては少数が越冬している。群れで行動するが、近年渡来数が減少し、1〜2羽のことが多い。♪ダイシャクシギに似た「ホーイーン」と聞こえる声で鳴く。

顔からの体下面は
淡褐色で黒褐色の
縦斑がある

全体に
黄褐色みを感じる

嘴は成鳥に
比べて短い

幼鳥

近年は数十羽の群れを
見ることは少ない。

ダイシャクシギ [大杓鷸]

Numenius arquata

シギ科／全長58cm／雌雄同色
1 2 3 4 5 6 7 8 9 10 11 12

- 嘴は黒く下嘴基部はピンク色みがある
- 顔から胸は白っぽく褐色の縦斑がある
- 腹部は白い
- 嘴は成鳥より短くピンク色の部分が多い
- 全体に成鳥よりも褐色みがある
- 幼鳥

旅鳥、冬鳥。全国の海岸の砂浜、干潟、河口などで見られ、淡水域に入るのは休息のとき。群れで行動し、広い干潟では100羽以上が越冬している。♪「ホーイーン」と聞こえる声で鳴く。

上面や下面の色や模様で見分ける

チュウシャクシギ：背の後半が白い

ダイシャクシギ：背から腰と下面が白っぽい

ホウロクシギ：全体に褐色

カモメの仲間

ユリカモメ [百合鷗]
Larus ridibundus

カモメ科／全長40cm／雌雄同色
1 2 3 4 5 6 7 8 9 10 11 12

白いアイリングが目立つ
眼の後方に黒斑がある
嘴は赤く先が黒い
足は赤い

冬羽

冬鳥。ほぼ全国の沿岸、内湾、河川、池、湖沼など。沿岸や川の中・上流部などで採食し、内湾や広い川の中央部で夜間に休息する。♪「ギュー」または「ガー」などと鳴く。

頭部はチョコレート色
嘴は赤黒い

夏羽

嘴基部は橙色
雨覆に褐色の羽がある
足は橙色

第1回冬羽

ズグロカモメ [頭黒鷗]

Larus saundersi

カモメ科／全長32㎝／雌雄同色
1 2 3 4 5 6 7 8 9 10 11 12

冬鳥。おもに関東地方以南の沿岸、砂浜、干潟などに局地的に渡来する。九州の干潟には多い。上空を飛びながら急降下して、カニを捕らえて食べる。♪飛びながら「キュッ」などと鳴く。

嘴は黒く短め

初列風切は白黒がはっきりしている

足は赤い

冬羽

夏羽のズグロカモメ
頭部はユリカモメと違い真っ黒で、眼の縁は白い。

ミツユビカモメ [三趾鷗]

Rissa tridactyla

カモメ科／全長41㎝／雌雄同色
1 2 3 4 5 6 7 8 9 10 11 12

嘴は黄色い

頭頂から眼の後方に黒斑がある

初列風切の先は黒い

冬鳥。全国的に記録はあるが、おもに関東地方以北の沖合、沿岸、港など。常に群れで行動し、普段は沖合にいることが多いが、場所によっては港に入る。♪鳴くことは少ないが「キュア」と鳴く。

足は黒い

冬羽

カモメの仲間

ウミネコ[海猫]
Larus crassirostris

カモメ科／全長47㎝／雌雄同色

| 1 | 2 | 3 | 4 | 5 | 6 | 7 | 8 | 9 | 10 | 11 | 12 |

冬羽の頭頂から後頭部は灰褐色

嘴は黄色く先端部は赤黒模様

頭からの体下面は白い

尾羽の先には黒い帯がある

足は黄色い

夏羽

留鳥、漂鳥。ほぼ全国の沿岸、内湾、港、干潟、河口、池など。本州以北の海岸沿いで繁殖し、越冬は暖地に移動。場所によっては越夏もする。♪「ミャーオ」「アー」と鳴き、名前の語源になっている。

肩羽が灰褐色の羽になる

前頭から体下面は白っぽくなる

第1回冬羽

ほぼ全体が褐色で羽縁が淡色

嘴はピンク色で先は黒い

足は淡いピンク色

幼鳥

カモメ [鷗]
Larus canus

カモメ／全長43cm／雌雄同色

<u>1</u> <u>2</u> <u>3</u> 4 5 6 7 8 9 <u>10</u> <u>11</u> <u>12</u>

冬鳥。ほぼ全国の沿岸、内湾、港、干潟、池など。魚類やそのあら、ゴカイ類、エビ類などを水面から嘴ですくい上げるようにして捕ったりする。♪普段は「カゥ」「キュ」などと鳴く。

嘴は黄色い

初列風切の先は黒く白斑がある

頭からの体下面は白い

夏羽

カモメの成長のしかた

カモメの仲間は、小型のものは2〜3年、中型のものは3〜4年、大型では4〜5年かかって成鳥羽になる。成長段階には個体差もあるので完全に見分けるのはむずかしいが、おおよそのことはわかるので、挑戦してみよう。

第1回冬羽

青灰色の羽は少なく、肩羽にある程度。足はピンク色。

第2回冬羽

肩羽や雨覆に青灰色の羽があり、嘴と足は肉色で、嘴の先端は黒っぽい。

第3回冬羽

肩羽や雨覆は青灰色になり、嘴は黄色く、先端近くに黒い斑がある。

成鳥冬羽

嘴と足は黄色く、頭部には褐色のごま塩斑がある

成鳥夏羽

嘴と足は鮮やかな黄色で、頭部はごま塩斑がなくなり、真っ白になる。

≋ カモメの仲間

オオセグロカモメ [大背黒鷗]
Larus schistisagus

カモメ科／全長64cm／雌雄同色

| 1 | 2 | 3 | 4 | 5 | 6 | 7 | 8 | 9 | 10 | 11 | 12 |

頭部から胸に褐色の斑紋が密にある

冬羽

留鳥、漂鳥。東北地方以北で繁殖し、それよりも南では冬鳥。西に行くほど少なくなる。海岸線や砂浜などで、岸に沿って飛んでいることが多い。
♪「ガァガァァァ」や「ミャー」などと鳴く。

頭部は真っ白

体上面と初列風切の色が同じ

嘴は黄色く下嘴の先端近くに赤斑がある

足はピンク色

夏羽

体上面に成鳥と同じ色の羽がある

白い縁どり

嘴はピンク色で先が黒い

第2回冬羽

194

セグロカモメ [背黒鷗]

Larus argentatus

カモメ科／全長61cm／雌雄同色
1 2 3 4 5 6 7 8 9 10 11 12

頭部から胸に褐色の斑紋がある

頭部は真っ白

体上面と初列風切の色の濃さが違う

足はピンク色

冬羽

夏羽

冬鳥。ほぼ全国の沿岸、内湾、港、干潟、河川など。本種に似た仲間は世界にたくさんいて、日本にも別種や亜種がいくつかいて、識別はむずかしい。♪「アオッ」や「クワー」などと聞こえる声で鳴く。

嘴は黒い

幼鳥

カモメの仲間

ワシカモメ [鷲鷗]
Larus glaucescens

カモメ科／全長65m／雌雄同色
1 2 3 4 5 6 7 8 9 10 11 12

頭部に褐色の斑紋がある

体上面と初列風切の色はほぼ同じ濃さ

冬羽

足はピンク色

嘴は黒い

全体に淡い褐色

第1回冬羽

冬鳥。関東地方以北の沖合、沿岸、内湾、港などに渡来し、東海地方以南ではまれ。北へ行くほど数が多く、ほかの大型のカモメの仲間にまざって行動している。♪ふつうは「ミャーオ」または「アウー」などと鳴く。

夏羽。頭部のごま塩はなくなり真っ白になる。

シロカモメ [白鷗]

Larus hyperboreus

カモメ科／全長71㎝／雌雄同色

1 2 3 4 5 6 7 8 9 10 11 12

体上面は淡い青灰色

初列風切は真っ白

冬羽

全体に白っぽく淡褐色の斑紋がある

初列風切は白い

第1回冬羽

冬鳥。関東地方以北の沖合、沿岸、内湾、港などに渡来し、東海地方以南では少ない。北海道には多く、ほかのカモメの仲間の群れの中にいることが多い。♪ふつうは「アウー」や「ミャーォ」などと聞こえる声で鳴く。

背中の黒いのはオオセグロカモメで、ほかはすべてシロカモメ。

〜〜〜 アジサシの仲間

アジサシ [鯵刺]
Sterna hirundo

カモメ科／全長36cm／雌雄同色

1 2 3 4 **5 6** 7 **8 9 10** 11 12

旅鳥。全国の沖合、海岸、干潟、河口など。海岸線を飛びまわり、ときどきホバリングしたりして、海中に飛び込んで小魚を捕らえることを繰り返す。♪あまり鳴かないが「キュッ」と鳴く。

- 額から後頸にかけて黒い
- 嘴は黒い
- 胸から腹には黒みがある
- 足は赤黒い
- 夏羽
- 尾羽は成鳥より短い
- 幼鳥

シベリア北部で繁殖した後、休憩に立ち寄った群れ。

コアジサシ [小鯵刺]

Sterna albifrons

カモメ科／全長24cm／雌雄同色

1 2 3 4 5 6 7 8 9 10 11 12

夏鳥。ほぼ全国の海岸の砂浜、河川、埋立地、干潟など。群れで行動し、コロニーを作って営巣する。営巣地に外敵が入ると、集団でそれを追い払う。♪飛びながら「キュルキュル」などと鳴く。

嘴は黄色く先端は黒い

頭頂から後頭と過眼線は黒い

足は橙色

夏羽

頭頂はごま塩状になる

嘴は徐々に黒くなる

冬羽

上面の各羽に黒斑がある

嘴は黒い

幼鳥

アジサシの仲間

エリグロアジサシ [襟黒鯵刺]
Sterna sumatrana

カモメ科／全長31cm／雌雄同色
1 2 3 4 5 6 7 8 9 10 11 12

過眼線から後頸にかけて黒い

嘴は黒い

足は黒い

夏羽

夏鳥。九州以南の沖合から海岸まで。群れで行動しているが、営巣はコロニーというほど密集しないで、適度な距離を置いて行うのがふつう。♪「ギィー」または「ギッ」と聞こえる声で繰り返して鳴く。

ベニアジサシ [紅鯵刺]
Sterna dougallii

カモメ科／全長39cm／雌雄同色
1 2 3 4 5 6 7 8 9 10 11 12

夏鳥。九州以南の沖合から海岸まで。群れで行動し、食べ物の魚を捕るときも群れで水中に飛び込んだりする。小島などでコロニーを作り、繁殖する。♪「キュ」「ギュ」などと鳴く。

嘴は橙色で先が黒いときと、全体に黒いときがある

胸から腹部にかけてピンク色みがある

足は赤い

夏羽

≋ ミズナギドリの仲間

オオミズナギドリ［大水薙鳥］
Calonectris leucomelas

ミズナギドリ科／全長49㎝／雌雄同色
1 2 3 <u>4 5 6 7 8 9 10 11</u> 12

ごま塩頭

体下面は白い

留鳥。ほぼ全国の沖合、沿岸に生息し、厳寒期には少なくなる。海面すれすれを滑翔しながらジグザグに飛行して、魚群を見つけると飛び込んだりする。♪繁殖期に巣穴の中やその近くで「キューウ」などと鳴く。

ハシボソミズナギドリ［嘴細水薙鳥］
Puffinus tenuirostris

ミズナギドリ科／全長42㎝／雌雄同色
1 2 3 4 <u>5 6 7</u> 8 9 10 11 12

体下面は黒褐色

夏鳥。関東地方以北の沖合、沿岸に多く、4〜7月の太平洋側では数十万、数百万の大群が北上する姿を見ることがある。このときには港に入ることも。♪日本で鳴き声は聞かれないが、繁殖期に「ウー」などと鳴く。

～ ウミスズメの仲間

ケイマフリ [赤脚]
Cepphus carbo

ウミスズメ科／全長37㎝／雌雄同色
1 2 3 4 5 6 7 8 9 10 11 12

留鳥、漂鳥。全国の沖合、沿岸、内湾、港など。繁殖期には岩棚などによくとまるが、それ以外の時期には海上を泳いでいる姿を見ることが多い。♪普段は「ピー」と鳴き、繁殖期には「ピピピ…」と尻上がりに連続して鳴く。

嘴基部に白斑がある
眼のまわりは白い
足は赤く足ひれがある
夏羽

ウトウ [善知鳥]
Cerorhinca monocerata

ウミスズメ科／全長38㎝／雌雄同色
1 2 3 4 5 6 7 8 9 10 11 12

留鳥、漂鳥。東北地方以北の沖合、沿岸、内湾など。あまり南下しない。一年を通じて群れで行動し、繁殖期の夕暮れどきには、嘴に魚をくわえて飛ぶ姿を見ることができる。♪「ウウウ」などと聞こえる声を出す。

嘴は橙色で上嘴基部に突起がある
足は黄褐色で足ひれがある
夏羽

ウミスズメ [海雀]
Synthliboramphus antiquus

ウミスズメ科／全長25㎝／雌雄同色
1 2 3 4 5 6 7 8 9 10 11 12

留鳥、漂鳥。全国の沖合、沿岸、内湾、港など。繁殖は北海道の島しょなどで、越冬期には九州以南では少ない。冬は群れているのがふつう。♪普段はホオジロ類の地鳴きに似た「チッ」という声を出す。

眼の後方に白線がある
嘴は淡い肉色
夏羽

アビの仲間

オオハム［大波武］
Gavia arctica

アビ科／全長68cm／雌雄同色
1 2 3 4 5 6 7 8 9 10 11 12

冬鳥。全国の沖合、沿岸、内湾、港などで、南西諸島には少ない。1羽で見る機会が多いが、特に春の渡り期には大きな群れになることがあり、100羽以上の群れを見ることもある。♪「アウー」と鳴く。

嘴はまっすぐで灰黒色
頬からの体下面は白い
脇腹後方に白い部分がある
冬羽

シロエリオオハム［白襟大波武］
Gavia pacifica

アビ科／全長65cm／雌雄同色
1 2 3 4 5 6 7 8 9 10 11 12

冬鳥。全国の沖合、沿岸、内湾、港などで、南西諸島には少ない。広島県の「アビ漁」の鳥は本種のことが多い。ほかのアビの仲間よりも近海に多い傾向がある。♪「アウー」という声を出すことがある。

上嘴の上面は黒っぽい
喉に黒帯がある個体がいる
オオハムのような白斑はない
冬羽

アビ［阿比］
Gavia stellata

アビ科／全長61cm／雌雄同色
1 2 3 4 5 6 7 8 9 10 11 12

冬鳥。全国の沖合、沿岸、内湾、港などで、南西諸島ではまれ。北国の方が多く観察される。沿岸近くに来るものは怪我をしたものや、油で汚れたものが多い。♪鳴くことは少ないが、「アッ」という声を出すことがある。

嘴は黒っぽく上に反って見える
羽ごとに小さな白斑がある
冬羽

INDEX 細字はコラムなどでの紹介

ア
- アイガモ ……………………… 128
- アオアシシギ ………………… 173
- アオゲラ ……………………… 82
- アオサギ ……………………… 147
- アオジ ……………………… 24,25
- アオシギ ……………………… 181
- アオバズク …………………… 98
- アオバト ……………………… 91
- アカアシシギ ………………… 172
- アカウソ ……………………… 51
- アカエリカイツブリ ………… 117
- アカエリヒレアシシギ ……… 169
- アカゲラ ……………………… 80
- アカショウビン ……………… 74
- アカハラ ……………………… 70
- アカモズ ……………………… 29
- アジサシ ……………………… 198
- アトリ ………………………… 45
- アビ …………………………… 203
- アヒル ………………………… 128
- アマサギ …………………… 148,151
- アマツバメ ………………… 32,33
- アメリカウズラシギ ………… 175
- アメリカヒドリ ……………… 125
- アリスイ ……………………… 83
- イカル ………………………… 49
- イカルチドリ ……………… 156,159
- イスカ ………………………… 51
- イソシギ ……………………… 170
- イソヒヨドリ ………………… 72
- イワツバメ ………………… 30,33
- イワヒバリ …………………… 89
- ウグイス ……………………… 53
- ウズラ ………………………… 87
- ウズラシギ …………………… 175
- ウソ …………………………… 50
- ウトウ ………………………… 202
- ウミアイサ ………………… 134,135
- ウミウ ……………………… 120,121
- ウミスズメ …………………… 202
- ウミネコ ……………………… 192
- エゾビタキ ………………… 61,62
- エゾムシクイ ………………… 55
- エナガ ………………………… 40
- エリグロアジサシ …………… 200
- エリマキシギ ………………… 174
- オオアカゲラ ………………… 80
- オオクイナ …………………… 119
- オオコノハズク ……………… 101
- オオジシギ …………………… 181
- オオジュリン ………………… 26
- オオセグロカモメ …………… 194
- オオセッカ …………………… 58
- オオソリハシシギ …………… 185
- オオタカ …………………… 108,111
- オオハクチョウ …………… 140,141
- オオハシシギ ………………… 176
- オオハム ……………………… 203
- オオバン ……………………… 118
- オオヒシクイ ………………… 137
- オオマシコ ………………… 46,47
- オオミズナギドリ …………… 201
- オオメダイチドリ ………… 158,159
- オオヨシキリ ………………… 56
- オオルリ …………………… 60,62
- オオワシ …………………… 106,111
- オカヨシガモ ………………… 124
- オグロシギ ………………… 184,185
- オシドリ ……………………… 122
- オジロトウネン ……………… 169
- オジロワシ ………………… 106,107,111
- オナガ ………………………… 97
- オナガガモ ………………… 123,129
- オバシギ ……………………… 178

カ
- カイツブリ …………………… 114
- カオグロガビチョウ ………… 78
- カケス ………………………… 97

カササギ	96	コアオアシシギ	173
カシラダカ	23	コアカゲラ	81
カッコウ	92	コアジサシ	199
カナダヅル	154	コイカル	49
ガビチョウ	78	ゴイサギ	146
カモメ	193	コウノトリ	142
カヤクグリ	89	コウライキジ	85
カラシラサギ	149,151	コオバシギ	178
カリガネ	137	コオリガモ	129,133
カルガモ	122	コガモ	126,129
カワアイサ	134,135	コガラ	38,39
カワウ	120	コクガン	138
カワガラス	42,43	コクマルガラス	96
カワセミ	74	コゲラ	81
カワラヒワ	44	コサギ	148,151
カンムリカイツブリ	116	コサメビタキ	61,62
キアシシギ	179	コシアカツバメ	31,33
キクイタダキ	52	コシャクシギ	186
キジ	84	ゴジュウカラ	40
キジバト	90	コジュケイ	86
キセキレイ	37	コジュリン	26
キバシリ	41	コチドリ	156,159
キビタキ	60,62	コチョウゲンボウ	113
キョウジョシギ	177	コノハズク	100
キリアイ	167	コハクチョウ	140,141
キレンジャク	77	コブハクチョウ	141
キンクロハジロ	130	コマドリ	65
クイナ	119	コミミズク	99
クサシギ	171	コムクドリ	76
クマゲラ	83	コヨシキリ	56
クマタカ	108,111	コルリ	65
クロガモ	132		
クロサギ	149,151	**サ** ササゴイ	146
クロジ	25	サシバ	104,110
クロツグミ	69	サメビタキ	61,62
クロツラヘラサギ	143	サルハマシギ	165
クロヅル	153	サンカノゴイ	144
ケイマフリ	202	サンコウチョウ	63
ケリ	163	サンショウクイ	41

205

INDEX

	シジュウカラ	38, 39	
	シジュウカラガン	138	
	シノリガモ	131	
	シマアジ	127	
	シマエナガ	40	
	シマセンニュウ	57	
	シメ	48	
	ジュウイチ	93	
	ショウドウツバメ	31, 33	
	ジョウビタキ	64	
	シラコバト	90	
	シロエリオオハム	203	
	シロカモメ	197	
	シロチドリ	157, 159	
	シロハラ	71	
	シロハラクイナ	119	
	ズアカアオバト	91	
	ズグロカモメ	191	
	ズグロミゾゴイ	145	
	スズガモ	130	
	スズメ	22	
	セイタカシギ	182	
	セグロカモメ	195	
	セグロセキレイ	37	
	セッカ	58	
	センダイムシクイ	54, 55	
	ソウシチョウ	79	
	ソデグロヅル	154	
	ソリハシシギ	179	
タ	ダイサギ	150, 151	
	ダイシャクシギ	189	
	ダイゼン	161	
	タカブシギ	171	
	タゲリ	162	
	タシギ	180	
	タヒバリ	34, 35	
	タマシギ	183	
	タンチョウ	155	

チゴハヤブサ	112	
チゴモズ	29	
チュウサギ	150, 151	
チュウシャクシギ	187, 189	
チュウダイサギ	151	
チュウヒ	103, 110	
チョウゲンボウ	113	
ツグミ	68	
ツツドリ	93	
ツバメ	30, 33	
ツミ	109, 111	
ツリスガラ	59	
ツルシギ	172	
トウネン	168	
トキ	142	
ドバト	90	
トビ	102, 110	
トモエガモ	127	
トラツグミ	71	
トラフズク	99

ナ	ナベヅル	153	
	ニュウナイスズメ	22	
	ノゴマ	66, 67	
	ノジコ	24	
	ノスリ	102, 111	
	ノビタキ	66	
ハ	ハイイロチュウヒ	103, 110	
	ハイタカ	109, 111	
	ハギマシコ	47	
	ハクガン	139	
	ハクセキレイ	36	
	ハシビロガモ	126, 129	
	ハシブトガラス	94, 95	
	ハシボソガラス	94, 95	
	ハシボソミズナギドリ	201	
	ハジロカイツブリ	115	
	ハジロコチドリ	157, 159

ハチクマ	105,110,111	マミチャジナイ	70
ハチジョウツグミ	68	ミコアイサ	135
ハマシギ	164,165	ミサゴ	104,110
ハヤブサ	112	ミゾゴイ	145
ハリオアマツバメ	32,33	ミソサザイ	42,43
バン	118	ミツユビカモメ	191
ヒガラ	38,39	ミフウズラ	87
ヒクイナ	119	ミミカイツブリ	115
ヒシクイ	136,137	ミヤコドリ	183
ヒドリガモ	125,129	ミヤマカケス	97
ヒバリ	34	ミヤマガラス	95
ヒバリシギ	167	ミヤマホオジロ	27
ヒメアマツバメ	32,33	ミユビシギ	166
ヒメウ	121	ムクドリ	76
ヒヨドリ	72	ムナグロ	160
ヒレンジャク	77	ムラサキサギ	147
ビロードキンクロ	132	メジロ	52
ビンズイ	35	メダイチドリ	158,159
フクロウ	98	メボソムシクイ	54,55
ブッポウソウ	73	モズ	28
ベニアジサシ	200		
ベニバラウソ	50	ヤ ヤツガシラ	73
ベニマシコ	46	ヤブサメ	53
ヘラサギ	143	ヤマガラ	39
ホウロクシギ	188,189	ヤマゲラ	82
ホオアカ	27	ヤマシギ	180
ホオジロ	23	ヤマショウビン	75
ホオジロガモ	133	ヤマセミ	75
ホシガラス	88	ヤマドリ	85
ホシハジロ	131	ユリカモメ	190
ホトトギス	92	ヨシガモ	124
ホンセイインコ	79	ヨシゴイ	144
		ヨタカ	101
マ マガモ	123,129		
マガン	136,137,139	ラ・ワ ライチョウ	88
マキノセンニュウ	57	リュウキュウコノハズク	100
マナヅル	152	ルリビタキ	64
マヒワ	44	ワシカモメ	196
マミジロ	69		

写真提供＝戸塚学、宮彰男
イラスト＝上村博史、小林美津枝、吉川利恵
装幀・フォーマットデザイン＝田中聖子（MdN Design）
本文DTP＝若杉さおり、波多江潤子（スイッチ）
編集＝井澤健輔（山と溪谷社）、山下聡子

くらべてわかる野鳥 文庫版

2016年11月5日　初版第1刷発行
2024年4月5日　　初版第11刷発行

著　者　叶内拓哉
発行人　川崎深雪
発行所　株式会社　山と溪谷社
　　　　〒101-0051
　　　　東京都千代田区神田神保町1丁目105番地
　　　　https://www.yamakei.co.jp/
　　　　■乱丁・落丁、及び内容に関するお問合せ先
　　　　山と溪谷社自動応答サービス　TEL.03-6744-1900
　　　　受付時間／11:00-16:00（土日、祝日を除く）
　　　　メールもご利用ください。
　　　　【乱丁・落丁】service@yamakei.co.jp　【内容】info@yamakei.co.jp
　　　　■書店・取次様からのご注文先
　　　　山と溪谷社受注センター　TEL.048-458-3455
　　　　　　　　　　　　　　　　FAX.048-421-0513
　　　　■書店・取次様からのご注文以外のお問合せ先　eigyo@yamakei.co.jp

印刷・製本　図書印刷株式会社
定価はカバーに表示してあります

Copyright ©2016 Takuya Kanouchi All rights reserved.
Printed in Japan ISBN978-4-635-04798-2